为了人与书的相遇

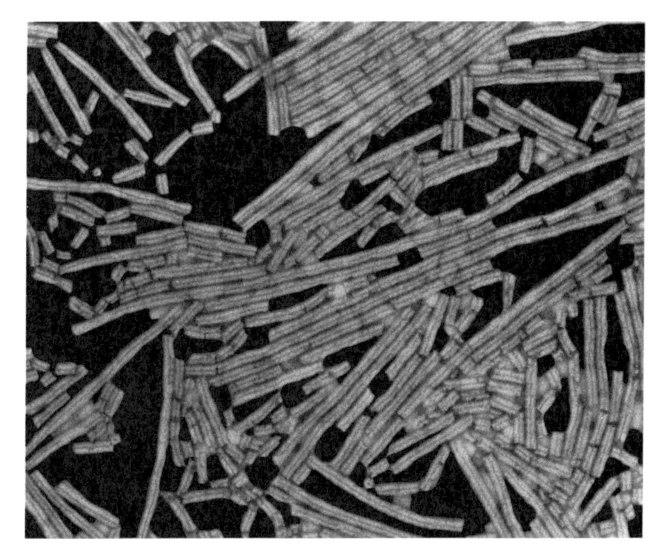

图 1-1：让全球植株染病的烟草花叶病毒

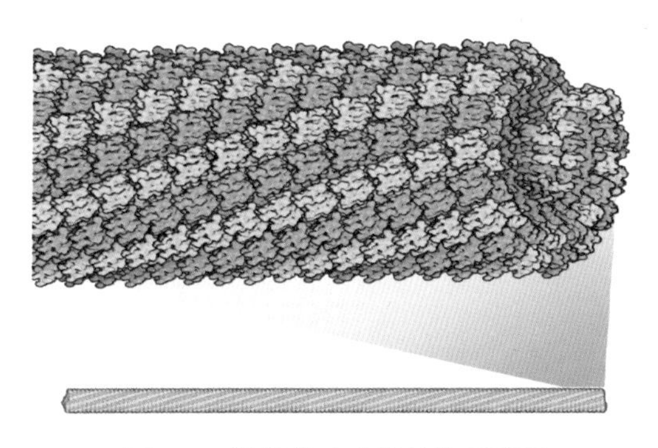

图 1-2：烟草花叶病毒结构示意图

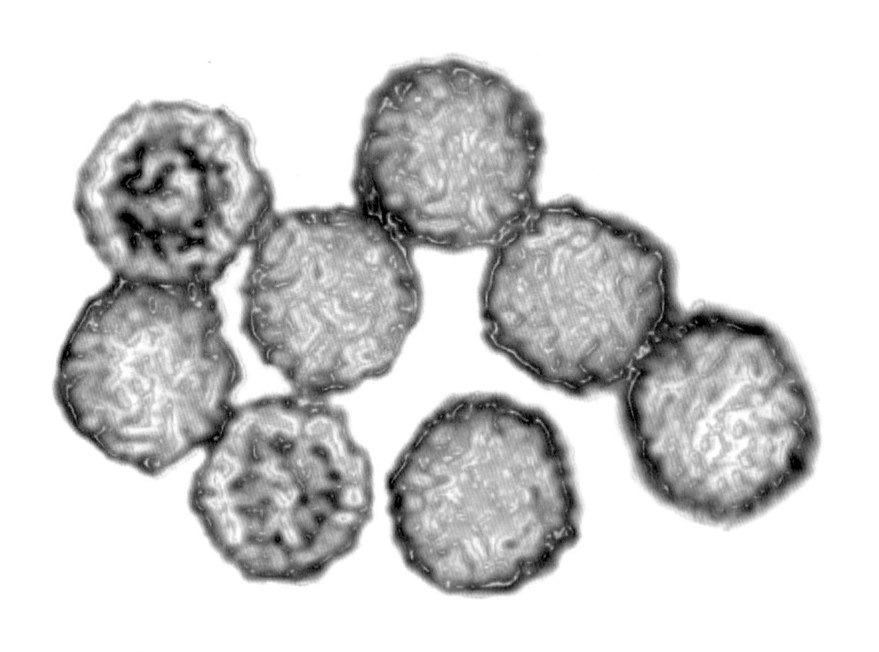

图 2：鼻病毒，感冒最常见的元凶

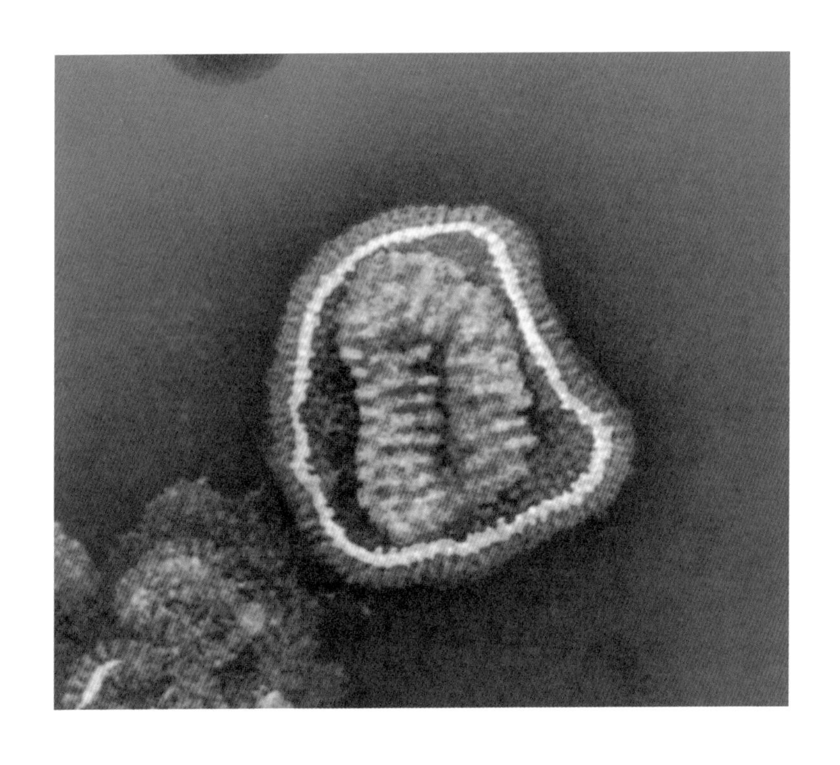

图 3：流感病毒：橙色的是病毒的包膜，

灰白色表示的是衣壳，里面包着紫色的 RNA 片段

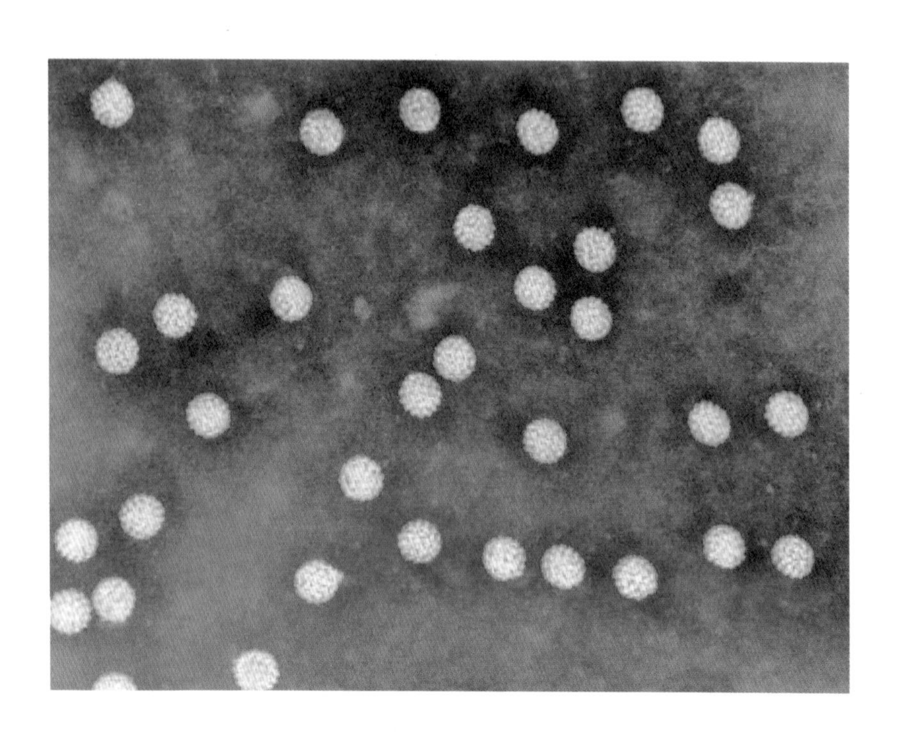

图 4：溶液中悬浮的人乳头瘤病毒（HPV）

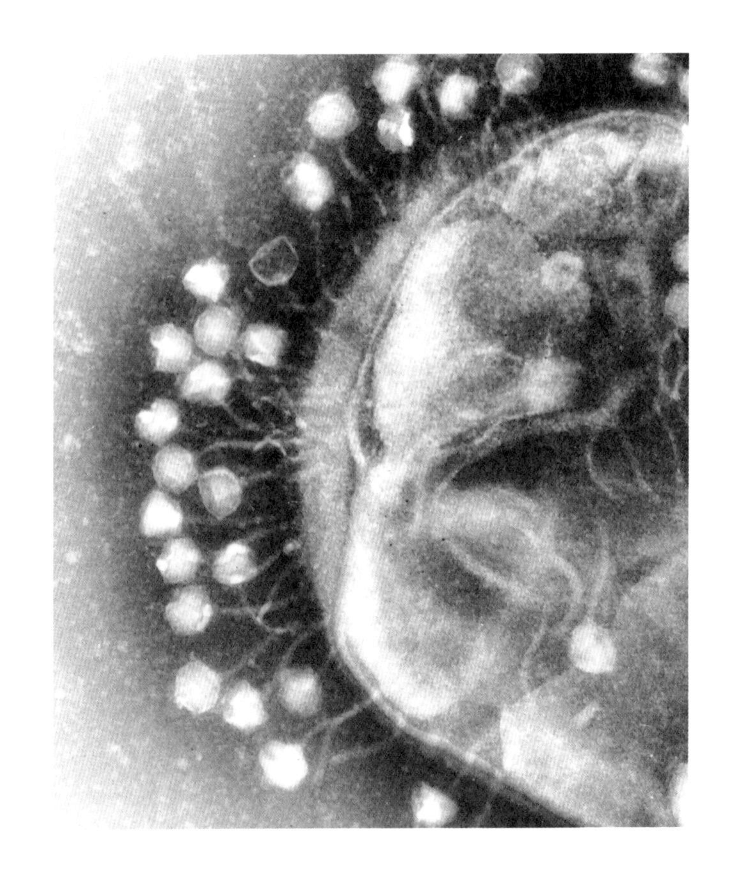

图 5：噬菌体贴在宿主细胞（大肠杆菌）的表面

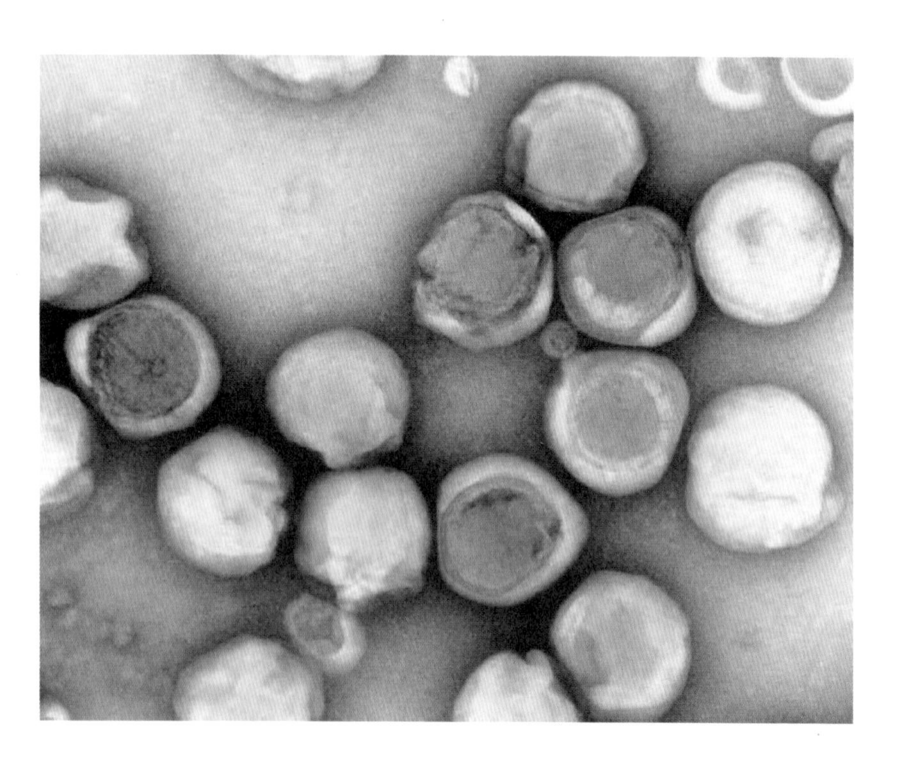

图 6：能够感染海洋中藻类的赫氏圆石藻病毒

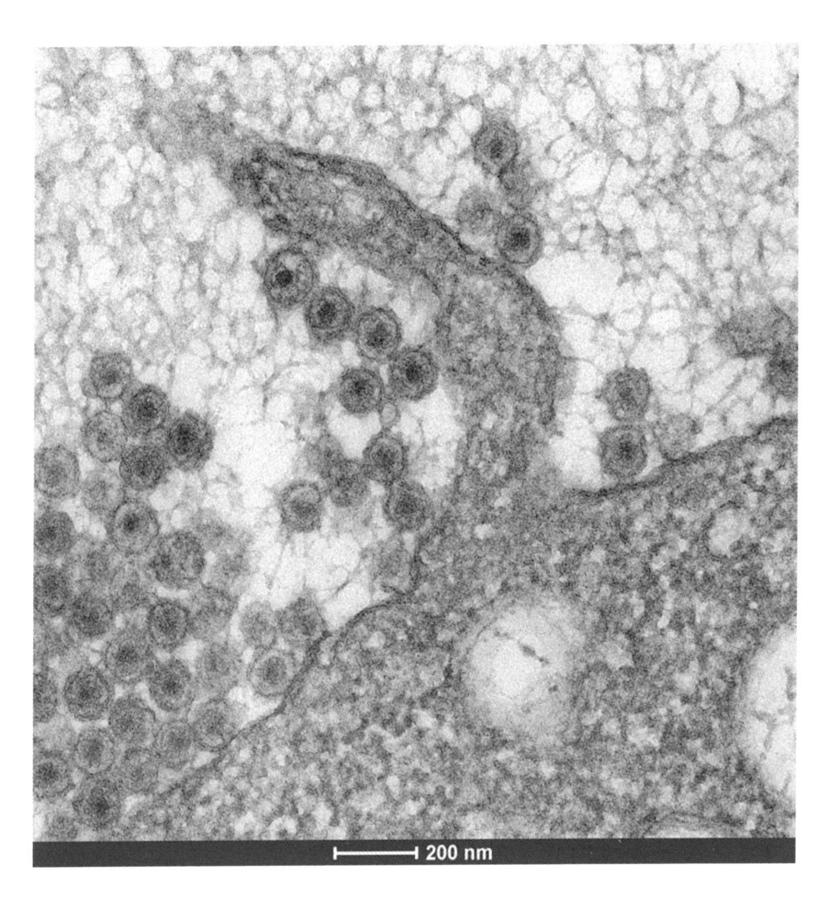

图 7：禽白血病病毒从人类白细胞释放出来

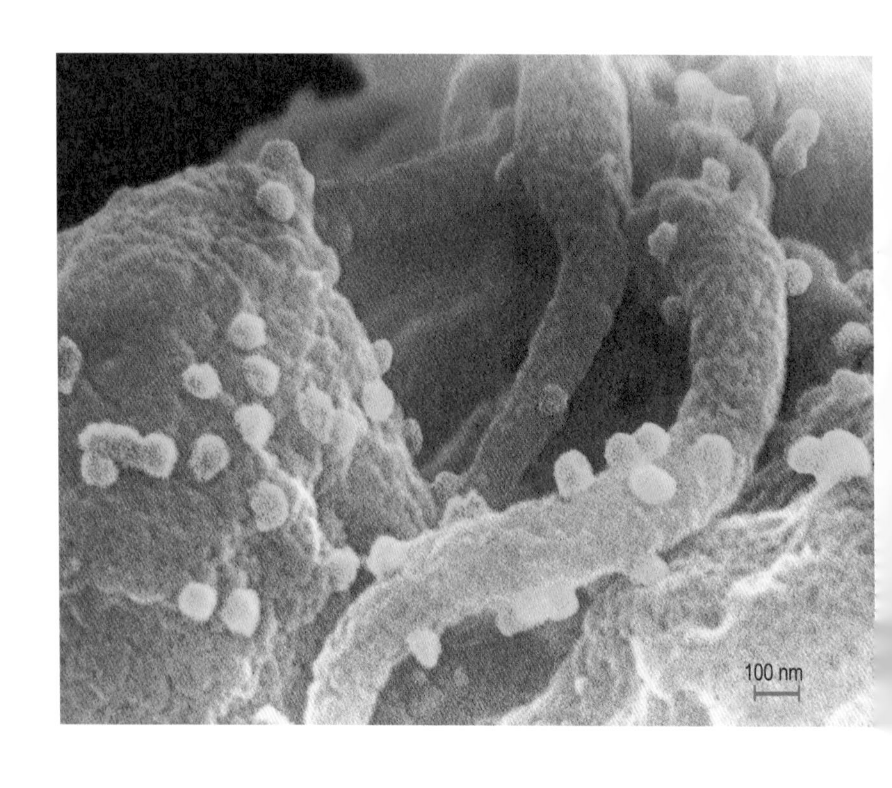

图 8：附着在 CD4 细胞表面的人类免疫缺陷病毒（HIV）

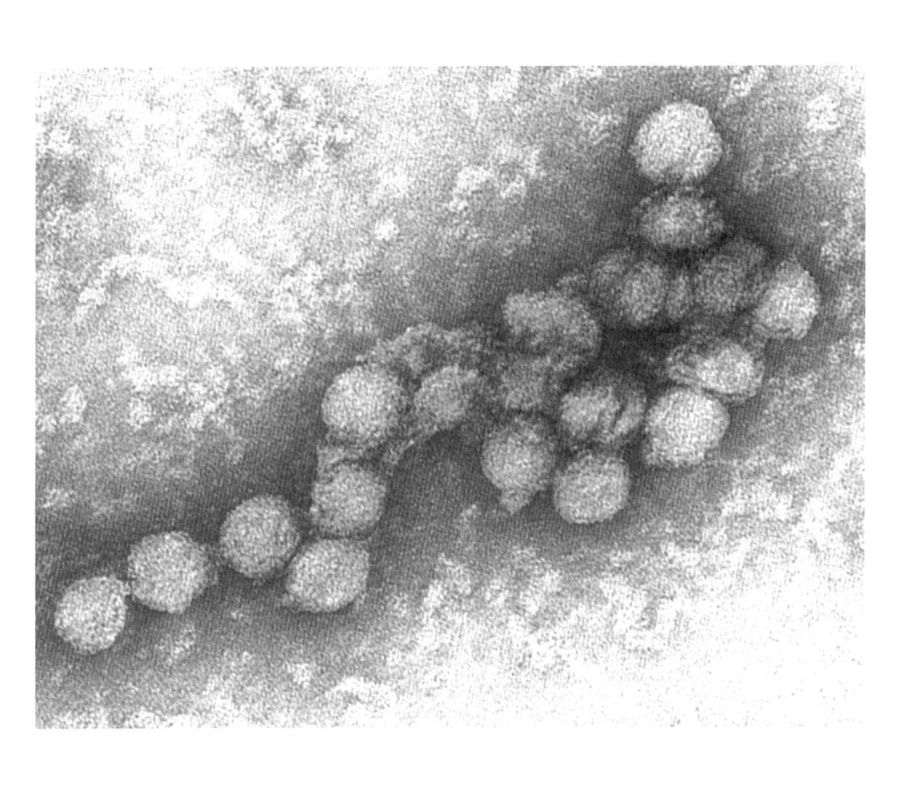

图 9：溶液中悬浮的西尼罗河病毒

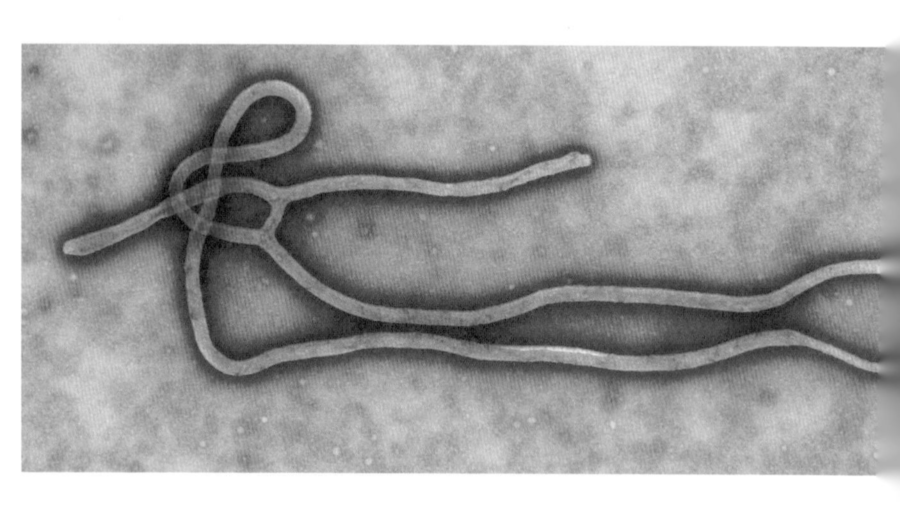

图 10：电子显微镜下的埃博拉病毒

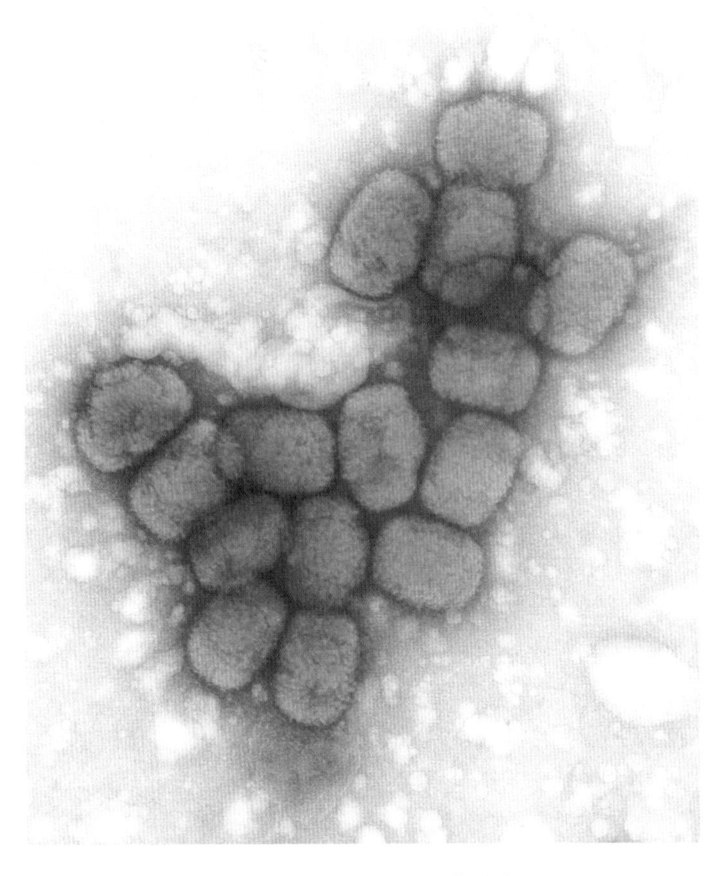

图 11：溶液中悬浮的天花病毒

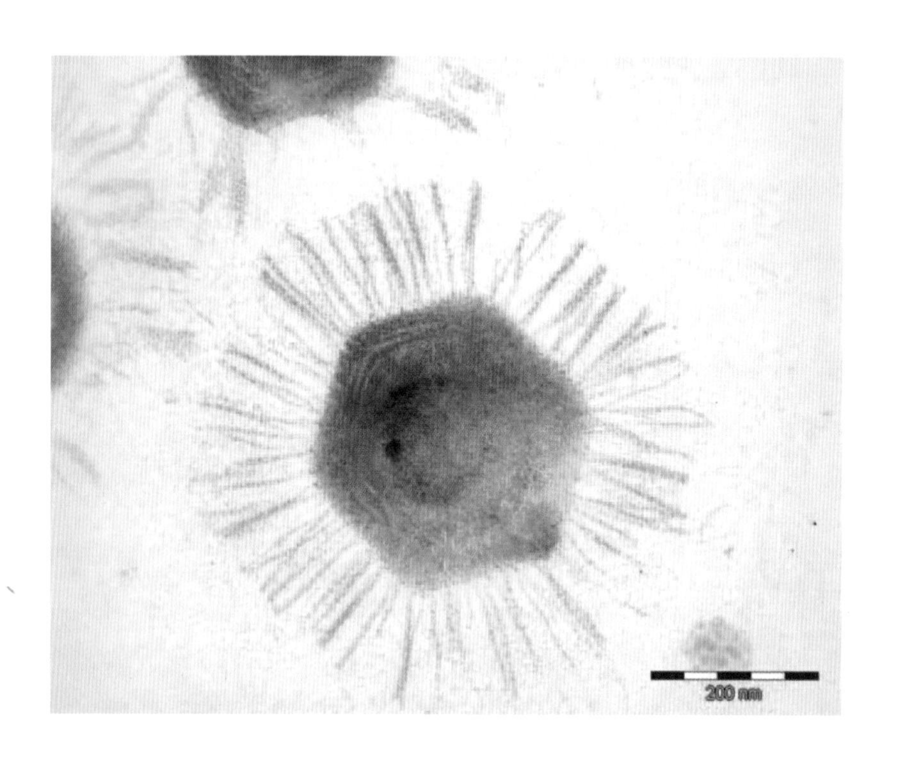

图 12：拟菌病毒，已知体积最大的病毒

图片来源

图 1 David Goodsell, courtesy of the RCSB PDB "Molecule of the Month"

图 2 2010 Photo Researchers, Inc. (all rights reserved)

图 3 Frederick Murphy, from the PHIL, courtesy of the CDC

图 4 2010 Photo Researchers, Inc. (all rights reserved)

图 5 courtesy of Graham Colm

图 6 courtesy of Willie Wilson

图 7 courtesy of Dr. Venugopal Nair and Dr. Pippa Hawes, Bioimaging group, Institute for Animal Health.

图 8 from the PHIL, courtesy of the CDC/ C. Goldsmith, P. Feorino, E. L. Palmer, W. R. McManu

图 9 Cynthia Goldsmith, from the PHIL, courtesy of the CDC/ P. E. Rollin

图 10 Cynthia Goldsmith, from the PHIL, courtesy of the CDC

图 11 Frederick Murphy, from the PHIL, courtesy of the CDC

图 12 courtesy of Dr. Didier Raoult, Research Unit in Infectious and Tropical Emergent Diseases (URMITE)

病毒星球

A Planet of Viruses

Second Edition

Carl Zimmer

[美] 卡尔·齐默 著

刘旸 译

广西师范大学出版社

·桂林·

著作权合同登记图字：20-2022-048

图书在版编目(CIP)数据

病毒星球 / (美) 卡尔·齐默著；刘旸译. — 桂林：
广西师范大学出版社, 2019.4（2024.7重印）

ISBN 978-7-5495-7143-7

Ⅰ. ①病… Ⅱ. ①卡… ②刘… Ⅲ. ①病毒－普及读
物 Ⅳ. ①Q939.4-49

中国版本图书馆CIP数据核字(2019)第050447号

广西师范大学出版社出版发行

广西桂林市五里店路 9 号　邮政编码：541004
网址：www.bbtpress.com

出 版 人：黄轩庄

全国新华书店经销

发行热线：010-64284815

山东韵杰文化科技有限公司

开本：850mm × 1168mm　1/32

印张：5.75　　字数：87千字

2019年4月第1版　2024年7月第8次印刷

定价：48.00元

目录

献给格蕾丝，我至爱的宿主。

序 言

朱迪 ·戴蒙德博士

内布拉斯加大学博物馆馆长、教授、病毒星球计划主管

查尔斯 ·伍德博士

路易斯 · L. 莱尔大学生命科学和生物化学教授、内布拉斯加病毒中心主管

病毒影响了人类福祉的发展，它们每时每刻都影响着大约 10 亿人的生存。在过去一个世纪中，生物技术迅猛发展，病毒也毋庸置疑发挥了重要的作用。天花病毒曾经是人类最凶猛的杀手，但天花现在是全球少数几种被彻底根除的疾病之一。而艾滋病毒等新病毒，则相继给人类带来新的威胁和挑战。

病毒肉眼不可见，却在地球生态系统中非常活跃。它们把 DNA 从一个物种搬运到另一个物种，为生物演化提供了新的遗传材料。病毒也对大量生命体的生存进行了调节，从微生物到大型哺乳动物，无一不受到它们的影响。病毒的作用不仅限于生物，它们还会影响地球的气候、土

壤、海洋和淡水。放眼演化的历程，不管哪一种动物、植物或微生物，它们的演化都离不开这些微小却威力无边的病毒。这些病毒和我们共同拥有这个星球。

2011年，《病毒星球》第一版正式出版。在那之后病毒的威力又一次让我们震惊。曾经仅在非洲偏远地区小规模爆发的埃博拉病毒，突然造成了弗里敦和科纳克里等城市的大规模疫情，并首次扩散到其他大陆。包括中东呼吸综合征冠状病毒在内的新病毒，感染范围也从动物跨越到了人类。但与此同时，科学家也纷纷找到了利用病毒多样性来为人类自己造福的方法。卡尔·齐默整合了这些进展，形成了大家看到的新版《病毒星球》。

这些内容齐默最初是为“病毒星球计划”撰写的，该计划是美国国家卫生研究院(NIH)国家研究资源中心(NCRR)颁发的科学教育伙伴奖(SEPA)的一部分，旨在帮助人们通过广播纪录片、图片故事、教师专业培养、手机和iPad应用等材料对病毒和病毒学进行深入了解。想了解更多“病毒星球计划”相关信息，请访问网站：http://worldofviruses.unl.edu。

引言 有传染性的活液

烟草花叶病毒和病毒世界的发现

距离墨西哥奇瓦瓦州东南 80 公里的沙漠里，有一条寸草不生的山脉，名叫奈卡山脉。2000 年，几位矿工在山底错综复杂的地下洞穴中作业。当他们挖到 300 米深的时候，一个奇异的世界豁然展现在他们眼前。这个空间大概 9 米宽，将近 30 米长，洞顶、四壁、地面，都排布着光滑透亮的石膏晶体。有矿物晶体的洞穴并不少见，但奈卡“水晶洞”与众不同。洞里的晶体都有着惊人的体量，长度都在 10 米以上，最沉的有 55 吨重。这些晶体可不是我们通常理解的用在项链上的小水晶，而是像山一样大，人都能往上爬。

山洞被发现以来，已经有不少科学家得到许可进入这个神奇的水晶洞，格拉纳达大学的地质学家胡安 · 曼努埃尔 · 加西亚–鲁伊斯（Juan Manuel Garcia-Ruiz）就是其中的一位。基于自己的研究，他确定了这些晶体的年代，它们是在2600万年之前，火山活动造就奈卡山脉的同时形成的。那时山体中出现了一些空洞，里面充满了含有矿物质的热水。火山岩浆不断释放热量，把水维持在灼热的58摄氏度，这个温度是矿物析出、形成晶体的理想温度。山洞里的水就这样在几十万年间神奇地维持在这个完美的温度，让晶体能长成今天的庞然大物。

2009年，加拿大不列颠哥伦比亚大学的科学家柯蒂斯·萨特尔（Curtis Suttle）到访水晶洞。他和同事从洞穴的水洼里舀了一些水，带回实验室分析。如果你知道萨特尔的研究领域，一定会觉得他去分析洞里的水简直是莫名其妙。萨特尔的学术研究和晶体、矿物，甚至和任何石头都扯不上半点关系。他研究的是病毒。

水晶洞里从来也没有人，又不会感染什么病毒，事实上，洞里甚至连一条鱼也找不到。这个神奇的洞穴在几千万年间一直与世隔绝，仿佛是生物圈外一个独立的存在。然而，萨特尔的那次拜访的确不虚此行。他把从水晶洞里带回的水放在显微镜下，大片大片的病毒展现在他眼前，每滴水里都足有2亿个病毒。

同年，科学家达娜·威尔纳（Dana Willner）也开展了她自己的病毒探寻之旅。不过这一次她没有去什么洞穴，而是“潜入”了人体。威尔纳和同事从人的痰里分离出了一些DNA片段。他们把这些DNA片段同在线数据库里的上百万个现有序列进行了比对。当然，片段中大部分DNA来自人体，但同时也有相当数量来自病毒。在此之前，科学家一直认为，健康人的肺里是没有病毒或细菌的。但威尔纳发现，人的肺里平均驻扎了174种之多的病毒，其中只有10%是已发现病毒的近亲，另外90%就和水晶洞里躲藏的病毒一样陌生。

病毒世界向科学家打开了大门。从深深的地下，到撒哈拉沙漠的沙里，再到南极冰盖之下1英里深藏的湖水中——新发现的病毒无处不在，数量之巨令科学家措手不及，根本来不及逐一仔细研究。病毒学还是一门非常年轻的学科。几千年来，我们对病毒的全部了解只是它们会让人得病，甚至取人性命。而直到现在，我们尽管看到了病毒对人的影响，却不知道它们是如何做到的。

连“病毒”这个词也是自相矛盾。它承自罗马帝国，当时的意思是蛇的毒液或者人的精液。这一个词被赋予了

“毁灭”和“创造”两层意思。

经历几个世纪，“病毒”这个词逐渐呈现出另一层含义，它可以指代任何有传染性的物质，比如伤口流出的脓液，或者能神秘地通过空气传播的物质，甚至有的“病毒”能渗透在纸张内部，只要用手指头摸一下就会染病。

直到19世纪晚期，“病毒”这个词才比较接近我们现在采用的意思，而这一转变还要归功于一次农业的大灾难。荷兰的烟草农场上的作物遭一种疾病洗劫，它们在曾经鲜活的叶片上留下一片片死去的组织，所有植株的发育全都受到影响，农场收成全无。

1879年，可怜的荷兰农民向年轻的农业化学家阿道夫·迈耶（Adolph Mayer）求助。迈耶仔细地研究了这场大灾难，他把摧毁烟草农场的疾病称为烟草花叶病。这些植物生长的环境，包括土地、温度及日照，都是迈耶的研究对象，但迈耶根本没有发现染病的植株和健康的植株究竟有什么不同。他推测，或许这些植物被一些不可见的病原体感染了。之前，植物学家发现真菌可能感染土豆等植物，因此迈耶也在烟草上寻找有没有真菌感染，却一无所获。他还查看了寄生虫，仍然什么也没有发现。

最后，迈耶从得病的植株里提取出汁液并注射到健康植株上，健康植株被感染了。迈耶意识到，一定有一些微小的病原体在植物体内繁殖。他再取了一些染病植株的汁液，放在实验室里培养。结果真的长出一些细菌菌落来。这些菌落越长越大，到最后迈耶可以不借助显微设备直接看到它们。迈耶用这些生病组织培养出细菌，把它们涂抹到健康植株上，并没有让健康植株出现相同的症状，他只好作罢。病毒世界继续沉寂。

几年后，另一位名叫马丁努斯·拜耶林克（Martinus Beijerinck）的荷兰科学家从迈耶止步的地方再次启动了病原体寻找之旅。他想，会不会是什么比细菌小得多的病原体让烟草染上了花叶病？他把染病植株磨碎，把得到的汁液用精细的过滤器过滤，去掉植物细胞和细菌，然后把得到的澄清液体注射到健康植株体内。这下，烟草得病了。

拜耶林克把新染病的植株再次磨碎，汁液过滤，得到的液体能继续感染更多的健康植株。在染病植株的研磨液里一定有什么比细菌还小的东西，它们能自我复制，能传染疾病。1898 年，拜耶林克把它们称为“有传染性的活液”。

这些液体里含有的物质，是到那时为止所有生物学家前所未见的生命形式。这些物质不仅极其微小，也非常坚韧。酒精没能让滤出液失去传染性，甚至把液体加热到快沸腾了，这些物质似乎仍然毫发无伤。拜耶林克把滤纸泡在滤出液里，让液体蒸发，直到滤纸彻底干燥。三个月后，他再把滤纸浸入水里，再用浸过滤纸的水去感染烟草，仍然能让烟草染病。

拜耶林克将他的“有传染性的活液”里的神奇物质称为病毒，这是它第一次以我们如今熟悉的意义使用。然而，拜耶林克只是用这个词来和之前人们所知的物质做出区分，从而标示这种物质不是动物、植物、真菌或细菌。它们究竟是什么，拜耶林克也没有结论。

不久人们就发现，拜耶林克发现的，只是众多病毒中的一种。20 世纪初，其他科学家用类似的过滤后感染的方法，找到了其他疾病的致病病毒。他们甚至最终掌握了一种让病毒增殖的方法，这种方法不依赖活体动植物，而只靠在培养皿或者烧瓶里培养的一些细胞。

但当时的科学家对病毒到底是什么仍然各执一词。有些人认为，病毒仅仅是一些化学物质。还有一些科学家认为病毒是长在细胞里面的寄生生物。关于病毒的一切都争议巨大，科学家甚至对这些病毒究竟有无生命都未能达成共识。1923年，英国病毒学家弗雷德里克·特沃特（Frederick Twort）甚至宣称："人类无法确定病毒的本质。"

由于化学家温德尔·斯坦利（Wendell Stanley）的工作，越来越多人了解到病毒带来的种种困惑。20世纪20年代，斯坦利还是一个学生，他在学校里学到了结晶的手段：分子可以聚合成重复的结构，从而形成晶体。晶体能够展现出这种物质在一般情况下不会表现出的性质。比如，科学家用X射线照射晶体，通过观察射线的反射方向，就能推断晶体中分子的排布规律。

20世纪初，晶体帮助解决了生物学领域最大的谜团之一——酶到底是什么。科学家早就知道动物和其他生物会合成酶，酶能行使不同的功能，例如分解我们吃下去的食物。科学家想办法让酶结晶，从而发现了酶的本质是蛋白质。病毒会不会也是一种蛋白质？斯坦利感到好奇。

他选择了人们熟悉的烟草花叶病毒，开始尝试让病毒结晶。斯坦利效仿了拜耶林克四十年前的做法，从受感染的烟草植株中获得汁液，用精细的过滤器过滤。为了让病毒结晶尽量没有杂质，斯坦利从"有传染性的活液"里尽力去除了蛋白质以外的所有化合物。

在经过重重净化的液体里，斯坦利观察到微小的细针形晶体开始生长。它们又慢慢长成乳白色的薄片。这是人类历史上第一次有人不借助任何工具，仅用肉眼观察到了病毒。

病毒晶体立马变得如同矿物一样坚硬，却也像微生物一样鲜活了。斯坦利把这些病毒晶体像厨房里的食盐一样储存起来，数月不理。等再取一些溶进水里时，这些晶体仍然能恢复成不可见的病毒，再次感染烟草，其凶猛程度丝毫不减从前。

斯坦利于 1935 年发表了自己的实验结果，他的发现震惊了世界。《纽约时报》评价这一发现“动摇了人们对生与死的区辨”。

不过，斯坦利还是犯了个不能忽略的小错误。1936 年，英国科学家诺曼·皮里（Norman Pirie）和弗雷德·鲍登（Fred Bawden）发现病毒并不仅仅是由蛋白质构成的，事实上，蛋白质占了病毒组成的 95%，另外 5% 是另一种神奇的长条状分子，也就是核酸。在很多年以后，科学家会发现，核酸就是构成基因的物质，也正是在核酸的指导下，细胞才得以合成蛋白质和其他分子。我们人类的细胞，把基因的信息存储在双链核酸里，它们的全名叫脱氧核糖核酸，简称DNA。许多病毒的基因也是基于DNA的，但同时也有很多病毒，利用的是单链的核酸，也就是核糖核酸，简称RNA，前面提到的烟草花叶病毒就是这样的病毒。

斯坦利结晶出烟草花叶病毒之后的四年，一个德国科研团队终于成功看到了单个病毒。20世纪30年代有工程师发明了新一代显微镜，在新技术的帮助下，人们可以观察比之前小得多的对象。古斯塔夫·考舍（Gustav Kausche），埃德加·普凡库赫（Edgar Pfannkuch）和赫尔穆特·鲁斯卡（Helmut Ruska）三位科学家把烟草花叶病毒晶体滴到纯净水里，放到新仪器下观察。1939年，他们发表了观察结果，描述了他们在显微镜下看到的一些300纳米长的微小杆状结构。在此之前，没有人看到过如此微小的活物。让我们来做个比较，假如你把一粒盐撒在桌上，现在看着这个小颗粒，它的一条边上可以挨个排下10个表皮细胞，或者100个细菌。如果你用烟草花叶病毒，则可以排下1000个。

在随后的数十年里，病毒学家继续深入地“拆解”病毒，希望全面了解它们的分子构成。科学家发现，病毒和人体细胞里都有核酸和蛋白质，但二者有很多区别。人的细胞内塞满了上百万不同种类的分子，细胞利用这些分子来感知环境，在环境中爬来爬去，把营养物质吞噬进去，然后生长，最终决定自己究竟要一分为二，还是要为了细胞同伴的利益而舍弃自己的生命。病毒通常比细胞要简单得多，绝大多数病毒只是蛋白外壳包裹着几个基因而已。

病毒学家逐渐发现，尽管病毒的遗传信息量非常小，但它们仍然可以通过劫持其他生命体来自我复制。病毒把自己的基因和蛋白质注入宿主细胞，把它变成帮自己复制的“代工厂”。一粒小小的病毒进入一个细胞，一天之内，就有可能产出上千个病毒。

20 世纪 50 年代，病毒学家已经掌握了关于病毒的基本信息，但他们远远没有满足，毕竟我们连病毒是通过哪些途径让人得病都还没搞清楚。乳头瘤病毒为什么能让兔子长出角来，为什么它们到了人体内，又能引发全球每年数十万例宫颈癌？为什么有的病毒对人致命，但另一些却相对无害？病毒如何攻克宿主的防御系统，它们怎么能演化得比地球上任何别的物种都快……对这些问题，当时科学家都还没有思路。在那个时候，他们还不知道一种日后会被命名为HIV的病毒，已经从黑猩猩和大猩猩蔓延到我们人类身上，而三十年后，这种病毒会变成人类历史上最凶残的杀手之一。病毒学家还无法想象地球上存在的病毒数量之巨，他们更猜不到，地球上生命的基因多样性，很大一部分就蕴藏在病毒之中。他们不知道，我们呼吸的氧气很大一部分是在病毒的帮助下生产出来的，连我们所在的这颗星球的温度，都和病毒的活动息息相关。他们当然想象不到，人类基因组的一部分就来自感染了我们远古祖先的上千种病毒，甚至今天地球上的生命，都可能是在四十亿年前从病毒起源的。

如今的科学家都知道这些事了，更准确地说，他们都听过这些说法。他们认识到，从遥远的水晶洞到我们人类身体内部，地球就是一颗病毒星球。尽管科学家的认识还非常粗浅，但至少他们的探索已经开始。

让我们也从这里开始吧。

老朋友

1 并不普通的感冒

鼻病毒如何温柔地征服了世界

大约在3500年前，一位埃及学者写下了迄今所知最古老的医学论述。在《埃伯斯纸草卷》(*Ebers Papyrus*)中，他记录了很多疾病，其中有一种叫resh。名字听起来很奇怪，但只要一看症状描述——咳嗽，鼻腔分泌黏液——就知道它说的是我们大家都很熟悉的普通感冒。

有些病毒对人类来说是全新的，还有的病毒则让人感到陌生和新奇。然而人鼻病毒作为普通感冒和哮喘的罪魁祸首，是人类广泛存在的老朋友。据估计，每个人都会用他生命的整整一年躺在床上和感冒搏斗。换句话说，人鼻病毒真是病毒中的佼佼者之一。

古希腊医生希波克拉底认为，感冒是体液不平衡所致。直到2000年后的20世纪初，我们对感冒的认知也并没有多少进步。生理学家莱昂纳多·希尔（Leonard Hill,

1866—1952）宣称，感冒是早上去户外散步的时候，身体离开温暖的空气进入冷空气导致的。

1914 年，德国微生物学家瓦尔特·克鲁泽（Walther Kruse）分析了他的助手感冒期间擤出来的鼻涕，首次得到了感冒成因的确凿证据。克鲁泽把助手的鼻腔分泌物溶解在盐溶液里，过滤后取出几滴，分别滴到 12 位同事的鼻子里，4 人被传染了感冒。之后，克鲁泽又在 36 个学生身上做了同样的实验，15 个人得了病。作为对照，另外 35 个人的鼻子里没有滴分泌物溶液。最后，对照组只有 1 人得病。克鲁泽的实验清晰地证明，感冒是由一些微小的病原体引起的。

起初，很多专家觉得这里的病原体一定是细菌。1927 年，美国医生阿方斯·杜契斯（Alphonse Dochez）终于通过实验排除了这个可能性。他用三十年前拜耶林克过滤烟草汁液用的同款滤网，过滤了感冒病人的分泌物。这个方法能除掉分泌物里的细菌，然而滤过液仍然能让人得病。这个滤网，只有病毒才能通过。

科学家又花了足足三十年时间，才最终判断出漏网的到底是哪些病毒。在病毒混合液里，最多的是鼻病毒

(rhinovirus)，rhino 的意思是鼻子*。鼻病毒的结构非常简单，每个病毒只有 10 个基因（人类则有大概 2 万个基因）。但即使是这么少的基因，也能组合出奇妙的遗传信息，帮助这些病毒骗过我们的免疫系统，入侵我们的身体，继而无穷无尽地复制自己，去感染更多的宿主。

鼻病毒巧妙地利用鼻涕来自我扩散。人擤鼻涕的时候，病毒会借机跑到手上，通过手再蹭到门把手和其他手碰过的地方。下次其他人碰到这些地方，病毒就会借机沾上他们的手，再进入他们的身体——大多数时候也是借道鼻子。鼻病毒能巧妙地让细胞对它们打开一扇“小门”，继而入侵位于鼻腔内部、咽喉内部或肺脏内部的细胞。在接下来的几个小时里，鼻病毒利用宿主细胞，复制自己的遗传物质和包裹它们的蛋白外壳。随后这些复制产生的病毒会从宿主细胞内破壁而出。

鼻病毒在我们体内感染的细胞并不多，也并不会对身体造成什么实质性的伤害，那为什么每次感冒都那么难受

* rhino 在当代英语中更常见的用法是 rhinoceros（犀牛）的缩写，但从词源的角度来说，rhino 确是“鼻子”（希腊语 rhinos）。（本书脚注均为编者注。）

呢？这只能怪我们自己。遭到感染的细胞释放一种名为“细胞因子”的信号分子，把附近的免疫细胞都召唤过来。就是这些免疫细胞让我们觉得糟糕透了。它们让我们的身体产生炎性反应，继而让嗓子产生一种刺痒的感觉，接着，感染的部位就会分泌大量的黏液。所以要想从感冒中康复，我们不仅得等免疫系统帮我们把体内的病毒全部干掉，还得等免疫系统自己平静下来。

《埃伯斯纸草卷》中也记录了作者对治疗 resh 的建议，把蜂蜜、草药和熏香混合起来，擦在鼻子周围。1500 年后，罗马学者老普林尼建议不用混合药膏，而是拿老鼠擦鼻子。17 世纪的英国，人们又用火药和鸡蛋，或者炸牛粪和板油混合起来治疗感冒。之前提到的那位相信温度改变让人感冒的医生莱昂纳多 · 希尔则建议，生病的孩子应该早上起来就冲一个凉水澡。

直到今天，普通感冒还是“不治之症”。人们目前找到最好的办法是用锌，锌可以阻止鼻病毒增殖。如果在感冒出现的一天之内就开始服用锌，患者的病程就能缩短一天或者几天。家里孩子病了，家长通常会让孩子服用止咳糖浆，但科学研究表明，这种做法并不会让孩子更快好转。

事实上，止咳糖浆还可能会带来一系列并不经常发生但却非常严重的副作用，比如痉挛、心悸，甚至死亡。美国食品药品监督管理局（FDA）警告，2 岁以下的婴儿（这个群体正处于感冒最多发的年龄段）不应当服用止咳糖浆。

医生往往还会给感冒病人开抗生素。这实际上毫无意义，抗生素只对细菌感染有用，对病毒丝毫起不了作用。有时候，医生开抗生素，只是因为很难确诊病人究竟是感冒还是细菌感染，还有的时候是焦虑不已的病人指望医生做点什么，医生就开点抗生素作为回应。但抗生素不仅无法治感冒，还把我们所有人都置于另一种危险之中。抗生素滥用，促使细菌在人体和环境中演化出越来越强的抗药性。一些医生非但没能治好他的病人，还提高了所有人遭遇其他疾病的风险。

感冒这么难治，一个原因可能是我们都低估了鼻病毒的威力。它的存在形态多种多样，而科学家对其遗传多样性的了解，才刚刚开始。20 世纪末，科学家已经确认了几十种病毒株，这些病毒株又基本来自两个大的家族，一个叫 A 型人鼻病毒（HRV-A），另一个叫 B 型人鼻病毒（HRV-B）。2006 年，哥伦比亚大学的伊恩 · 利普金

（Ian Lipkin）和托马斯·布里泽（Thomas Briese）在纽约市民中有类似流感症状又没有携带流感病毒的人身上找寻病因。他们发现，这些病人中，1/3 携带了一种人鼻病毒，同之前大家所熟悉的 A 型和 B 型人鼻病毒都不是近亲。利普金和布里泽将之命名为 C 型人鼻病毒。在那之后，科研人员在全世界范围都发现了 C 型人鼻病毒的踪影。而不同地域发现的病毒株，彼此之间的遗传差异并不大，这意味着它们是几百年前才出现，然后迅速蔓延到全世界的。

发现的鼻病毒株越多，就越有助于科学家了解它们的演化。所有人鼻病毒的核心遗传信息都一样，这些核心信息随时间变化并不多，但同时，鼻病毒基因组中有些部分却演化得非常快。这些基因序列似乎能帮助病毒躲过我们免疫系统的截杀。哪怕人体制造出能抵抗一种病毒株的抗体，另一些病毒株也能攻入人体，因为先前生产的抗体并不能和它们表面的蛋白结合，也就无法对它们进行识别和攻击。与这一假说相呼应的是，通常每年人都会被几种不同的人鼻病毒株感染。

人鼻病毒的多样性让它们特别不容易被制服。例如某个药物或者疫苗，是通过攻击病毒衣壳上一个蛋白质来发挥威力的，要是换了别的病毒株，表面的这个蛋白质可能采取的是另一种结构，那么这个药物或者疫苗就不起作用了。哪怕一株人鼻病毒只突变出一点抗药性，自然选择也能帮这个新突变发扬光大，很快更强的抗药性就出现了。

鼻病毒的多样性令人气馁，但一些科学家仍然觉得找到治愈所有鼻病毒引起的感冒的方法是可能的。人鼻病毒的所有病毒株，核心基因都是大致相同的，这意味着这部分基因经不起突变。如果科学家找到对付鼻病毒核心基因的方法，就有可能控制疾病。

目前，目标已经初现端倪。鼻病毒核心基因里，有一段遗传物质折叠成一个四叶苜蓿形环状结构。这个环状结构似乎在让宿主细胞更快地复制鼻病毒基因上，发挥了关键作用。如果科学家能找到办法，破坏苜蓿形结构，或许就能让感冒销声匿迹。

但科学家应该这么做吗？答案并非显而易见。人鼻病毒给人类公共卫生事业带来了特别大的负担，不仅仅因为感冒本身，更因为鼻病毒给更多有害的病原体打开了通向人体的大门。人鼻病毒本身的影响相对来说还是比较温和的。大多数感冒都会在一个星期内痊愈，甚至鼻病毒检测呈阳性的人中，有 40% 都不会有任何症状。事实上，人鼻病毒还可能给宿主带来一些好处。有非常多的证据显示，孩童时期感染一些相对无害的病毒和细菌，得点无伤大雅的小病，年长之后因为免疫系统失调引起过敏和克罗恩病*的概率反倒会减小。人鼻病毒可以训练我们的免疫系统，这样未来遇到一些小刺激时，免疫系统就不会过度反应，而可以养精蓄锐，去攻击那些真正的敌人。或许我们不该把感冒看成我们的老对手，而是一个常伴左右的明师。

---

* 克罗恩病是一种慢性肠道疾病，主要症状包括腹痛、腹泻、疲劳，体重减轻及发烧等。

2 祈求星星的照看

流感永不停歇的创新之路

流感，influenza。如果你闭上眼，大声把这个词念出来，它听起来真是非常可爱，如果用来做一个古老宜人的意大利村庄的名字，一定非常合适。事实上，这个词真的是意大利语，是“影响”（influence）的意思。它也的确是一个古老的名字，一直可以追溯至中世纪。但是，令人陶醉的追根溯源工作到此为止。中世纪医生认为，天上的星星会影响他们病人的身体健康，有时候还会引发莫名其妙的高烧，病症在欧洲大陆上迅速蔓延，每几十年就来一轮。流感不断带给全球阶段性的大灾难。1918 年一次严重的流感爆发，导致 5 亿人患病，这可是当时 1/3 的世界人口，其中 5000 万人丧命。即使在没有大规模流行的年份，流感也让人们损失惨重。世界卫生组织（WHO）估计，每年流感会影响到全球 5%~10% 的成人及 20%~30% 的孩子。

每年，约有 25 万 ~50 万人被流感夺去性命。

现在，科学家早已经知道流感并不是天赐的，而是一种极小的病毒所为。如同造成普通感冒的鼻病毒，流感病毒的遗传信息也非常简单，只有 13 个基因。凭借这么少的信息，流感病毒就能行使威力。流感病毒随着病人的咳嗽、喷嚏和鼻涕飞沫扩散。人偶然吸入含有病毒的飞沫，或者摸了沾有病毒的门把手再摸嘴，就有可能成为下一个受害者。流感病毒进入鼻孔或者嗓子，落到气管壁细胞上，继而会钻到细胞内部。在气管壁上，它们从一个细胞扩散到另一个细胞，所到之处，气管壁上的黏液和细胞破坏殆尽，就像割草机工作过的草地。

健康人感染了流感病毒，免疫系统在几天内就会展开反攻。正因为如此，流感会引起一系列的症状，包括头疼、发热、乏力，不过这些严重的反应通常会在一个星期内缓解。有些受害者就没有这么幸运了，流感病毒会让身体出现漏洞，让其他更严重的感染伺机而入，所幸这部分人只是少数。正常情况下，人体组织最外面一层细胞都行使着天然屏障的作用，帮助我们抵御各种各样的病原体。病原体会被黏液困住，接着，细胞就可以用表面的纤毛把它们清除掉，并迅速通知免疫系统有入侵者。然而，一旦流感病毒像除草机一样把保护层破坏，病原体就可以长驱直入，引发危险的肺部感染，甚至危及生命。

流感造成了很多自相矛盾的效应，至今仍困惑着病毒学家。季节性流感对于那些免疫系统脆弱的人是最危险的，尤其是小孩子和老人，因为他们的免疫系统最可能出纰漏。然而在1918年的大流感中，免疫系统最稳固的青年却最为脆弱。一个理论是说，流感的某些病毒株能刺激免疫系统做出过激反应，结果不但不能把病毒清除掉，反而摧毁了宿主。对此部分科学家并不买账，他们相信这里面一定有更合理的解释。其中一种猜测是，1918年的流感病毒同1889年大流感期间的病毒相似，1918年大爆发时，老一代人携带了1889年获得的抗体，这些抗体保护了他们。*

虽然流感病毒的杀伤力仍然让人捉摸不透，其来源却已经非常确凿。流感病毒源自鸟类。感染人类的所有流感病毒，都能在鸟类那里找到身影。同时，鸟类还携带了更

* 1918年大流感即1918年爆发的全球性流感，造成5000万~1亿人死亡。1889年大流感即1889年爆发的俄国流感。

多不会感染人类的流感病毒。很多鸟类携带病毒，本身却不得病。而且鸟被感染的不是呼吸道，而是消化道。病毒藏匿在鸟屎里，健康的鸟喝了含有病毒的水，就会被传染。

有时，某些禽流感病毒会流窜到“人间”。在养鸡场工作的人或者在市场上屠宰家禽的人都可能成为第一批受害者。着陆到人类呼吸道里的禽流感病毒，看起来是跑错了地方，实际上，人类呼吸道细胞表面的受体，和鸟类消化道细胞的受体非常相像。禽流感病毒能找到这些受体，再钻到细胞里面去。

不过，病毒从鸟类到人类的过渡，也并非如此简单。禽流感病毒在鸟类体内繁衍所需的基因和在人体中的基因并不完全相同。比如，人比鸟类的体温要低，这个差异意味着病毒内的分子想要有效工作，需要采取不同的结构。

因此，从鸟类跨越到人类的病毒，往往由于无法进行人际传播而早夭。例如，2005 年一开始，一个从鸟类传播到人类的名为 H5N1 的流感病毒株，就在东南亚让数百人得了病。这种流感病毒株比季节性流感要致命得多，因此公共卫生工作者紧密追踪，采取各种措施阻止它扩散。年复一年，它始终没能从一个人传染到另一个人身上。

H5N1 病毒和它的人类宿主总保持着你死我活的关系，它们要么被宿主干掉，要么就要了宿主的命。

但大多数情况下，禽流感病毒可以适应我们的身体。它们每次复制，新病毒的遗传物质都会出点小错，我们称这些小错误为“突变”。有些突变实际上没有任何效果，有些则让病毒不能自我复制，还有极少数突变能给禽流感病毒带来繁殖优势。

自然选择了有利于病毒的突变。有些突变能改变锚定在病毒表面的蛋白的形状，让病毒更有效地攀附在人细胞表面，还有的突变能帮助它们进行人际传播。

一旦某个病毒株在人体内稳定下来，就能在全世界范围传播，继而建立起季节性的涨落节律。在美国，流感集中在冬季爆发。目前一个假说是，冬天那几个月空气干燥，含有病毒的飞沫可以在空气中飘浮数小时之久，增加了它们遇上新宿主的机会。其他时候，空气潮湿，飞沫就容易积聚水汽变大，继而落到地上。*

---

* 另有假说认为，冬季干燥的空气影响了人类呼吸道黏液正常发挥作用，给了病毒可乘之机。

流感病毒借助飞沫感染上新宿主，有时候新宿主细胞里已经进驻了其他病毒。两种不同的病毒在一个细胞里生存和繁殖的时候，场面就会有点混乱了。流感病毒的基因存储在 8 条独立片段里，当宿主细胞同时复制来自两种病毒的基因片段时，这些片段就可能混在一起。这样，产生的新一代病毒就会不小心带上来自两种病毒的遗传物质。这种基因混合的现象叫作基因重配，也就是病毒世界的“性”。人类生孩子的时候，双亲的基因会混合在一起，这样，两组 DNA 之间，就可能出现新的组合。通过基因重配，流感病毒也能把基因混合在一起造出新的组合来。

携带流感病毒的鸟类身上，有 1/4 都同时携带着两种甚至更多种病毒株。病毒之间互相交换基因，就有可能获得新的适应性状，例如通过这个机制，它们就能从野生鸟类传到鸡，甚至传到哺乳动物如马或者猪的身上。在极个别的情况下，通过基因重配，来自鸟类和人的病毒的基因会组合到一起，为一场浩劫埋下种子。新的病毒株能轻易在人和人之间扩散。又因为这个新病毒株从未在人群中传播过，因此它所向披靡，没有什么能放慢它扩散的脚步。

禽流感病毒一旦演化成人类的病原体，这些不同病毒之间会继续交换基因。基因重配同样可以帮助这些病毒躲过被消灭的命运。在人的免疫系统熟识流感病毒表面蛋白之前，它们早已通过小小的病毒性生活获得了新的伪装。

基因重配在最近一次大流感中起到的作用格外复杂。这次的新病毒株,叫 2009 年甲型 H1N1 流感病毒（Human/Swine 2009 H1N1，“猪流感”），最初于 2009 年 3 月在墨西哥露面，那时它已经历了数十年的演化。

科学家通过基因测序，追溯了这株病毒的源头，最后确定到 4 株不同的病毒。其中最古老的一株，从 1918 年流感大爆发就开始感染猪了（当然完全有可能猪也是被我们人传染的）。第二株在 20 世纪 70 年代出现，那次是一株禽流感病毒感染了欧洲或亚洲的猪。第三株在美国出现，这次病毒又是从鸟类转移到猪身上。到了 20 世纪 90 年代，这三株病毒合而为一，用科学家的话来说，这个新病毒经历了三次基因重配。其后，它悄无声息地在大型的封闭农场里，在猪和猪之间互相传播。三次基因重配的产物后来又和另一个猪流感病毒发生重配，最终具备了感染人类的能力。现在看来，2009 年的甲型 H1N1 流感病毒，是在 2008 年秋完成的“物种迁移”。在其后几个月时间里一直在感染人，直到2009年春天，终于受到了人们的关注。

公共卫生工作者意识到新的大流感来袭，他们立马在全球范围内进行围追堵截。尽管如此，2009年甲型H1N1流感病毒仍然在全球肆虐，和之前的大流感一样，它感染了全球10%~20%的人口。美国手忙脚乱地开始研发针对甲型H1N1流感病毒的疫苗，但疫苗直到同年秋天才就绪，而且针对病毒的免疫效果也一般。所幸，这次甲型H1N1流感病毒的致命性没有1918年大流感那么强，不然人类要面对的肯定又是百万量级的死亡。这场疫情最终夺走了25万人的性命，之后才销声匿迹。

2015年我曾写过，科学家一直在试图锁定下一次大范围流感的潜在元凶。一株禽流感病毒，可能只需要几个简单的突变，就摇身变作能够感染人类的新流感病毒。基因重配更会加速这个过程。没人知道什么时候，也没人知道哪个病毒株会完成这个迁移。然而，面对病毒演化，人类也不是只能束手就擒。我们仍然能采取一些措施来限制流感的传播，例如勤洗手就是一招。与此同时，科学家也在追踪流感病毒的演化过程，尽量优化对下次流感季中最危险病毒的预测，不断学习如何做出更有效的疫苗。目前，尽管人类在同流感病毒的对决中还不占上风，但起码得病的时候，我们不再只能祈求星星的照看了。

3 长角的兔子

人乳头瘤病毒和有传染性的癌症

关于长角兔子的故事在坊间流传了几个世纪，最终凝结成了“鹿角兔”的传说。在美国怀俄明州街头售卖的明信片里，你很容易看到鹿角兔在草原上跳来跳去的照片，看上去真像长了一对鹿角的兔子。如果运气好的话，你甚至有可能看到真的鹿角兔——虽然不是活的——餐厅有时候会挂一个鹿角兔的头在墙上。

从某种意义上来说，这个传说基本是杜撰的。大多数鹿角兔只是标本制作中的骗人把戏，人们只是单纯把鹿角粘在了兔头上。不过也如同大多数传说一样，鹿角兔的故事还是有原型的。有些兔子的确会从头上长出像角一样的肿块。

20 世纪 30 年代，美国洛克菲勒大学的科学家理查德 · 肖普（Richard Shope）在一次打猎途中听说了鹿角兔的故事。他让朋友替他抓了一只，取了一些组织送到他手里，好让他分析一下“鹿角”究竟是由什么组成的。此前，肖普的同事弗朗西斯·劳斯（Francis Rous）用鸡做过一个实验，该实验结果显示病毒可能会引发肿瘤。当时许多科学家对此表示怀疑，不过肖普还是想看看，兔子头上的角会不会也是由某种病毒导致的肿瘤。为了检验这个猜想，肖普把角磨碎，溶在液体里，再用瓷过滤。瓷这种材料中间有细微的气孔，只有病毒才能通过。接着，肖普把滤过液涂在健康兔子的头上。原本健康的兔子也长出角来了。

肖普的实验不仅说明“鹿角”里含有病毒，也说明角的确是这些病毒从受到病毒感染的细胞里“造”出来的。做出这个发现之后，肖普把手头的兔子组织转交给了劳斯，劳斯继续研究了几十年。他把含有病毒的液体注射到兔子身体内部（而不是涂在表面），这种操作没有让兔子长出之前那种无害的角，却引发了更为可怕的癌症，接受注射的兔子全都死了。因为发现了病毒和癌症之间的联系，劳斯获得了1966年的诺贝尔生理学或医学奖。

肖普和劳斯的发现给科学家开启了思路，更多人开始在其他动物身上寻找奇怪的肿块。奶牛的皮肤上有时候会长出巨大而畸形的增生，像葡萄柚一样大。事实上，哺乳动物，从海豚、老虎到人类，都会长疣。极个别的情况下，长了疣的人看起来也像长了鹿角。

20 世纪 80 年代，印度尼西亚一位名叫德德（Dede）的十几岁男孩身上开始长疣，不久就长了满手满脚。他没法在一般的地方正常工作，只好加入了“怪人秀”供人参观，久而久之获得了“树人”的称号，出现在各种新闻报道里，2007 年医生从他身上切下将近 12 斤的疣。然而，新的疣又长了出来，德德不得不持续不断地接受手术治疗。

原来，德德身上这些莫名其妙的增生，以及其他人和哺乳动物身上的增生，全都是同一种病毒导致的，而这种病毒也正是导致兔子头上长角的元凶。它的名字叫乳头瘤病毒，英文名 papillomavirus 则更加形象地描述了病毒的效果——被感染的细胞上会长出芽（papilla 源自拉丁文，表示“芽”）。

20 世纪 70 年代，德国科学家哈拉尔德 · 楚尔 · 豪森（Harald zur Hausen）猜测，乳头瘤病毒对人的危害可能远不止皮肤长出小疙瘩这么简单。他怀疑女性的宫颈癌或许和这种病毒有关。此前的研究显示，宫颈癌的传播方式和性传播疾病比较相似。例如，修女得宫颈癌的概率就比其他女性低得多。有些科学家据此怀疑某种性传播病毒会让人患上宫颈癌。乳头瘤病毒有引发癌症的“前科”，因此豪森将目标锁定在了乳头瘤病毒上。

如果假想是真的，那么宫颈的肿瘤组织里就应该可以检出病毒。豪森找来一些组织切片，一点点地整理它们的 DNA，这个工作做了好几年。1983 年，他终于从样本中发现了乳头瘤病毒的遗传物质，随着研究推进，他在样本里确定了更多乳头瘤病毒株。自豪森公开他的发现至今，科学家已经相继确定了上百种人乳头瘤病毒（简写为 HPV）的病毒株。豪森也因此分享了 2008 年的诺贝尔生理学或医学奖。

无数女性因为宫颈癌丧生，豪森的发现终于把 HPV 送到了医学研究的聚光灯下。HPV 会让人长出巨大的肿瘤，有时甚至能把子宫或肠道都撑破，随后造成的出血可能是致命的。每年，宫颈癌会夺走超过 27 万名女性的生命，是造成女性死亡的第三大元凶，仅次于乳腺癌和肺癌。

所有的宫颈癌都始于 HPV 感染，始于病毒把自己的

DNA 注入宿主细胞。HPV 尤其擅长感染上皮细胞，这种细胞构成了我们人体大部分的皮肤及黏膜。病毒的基因最终会跑到宿主细胞的细胞核里，这里装着细胞自己的 DNA，细胞会把 HPV 的基因一起读取出来，并生产病毒的蛋白质。这些蛋白质就开始改变细胞了。

包括鼻病毒和流感病毒在内的许多病毒都会在宿主细胞里疯狂复制。它们不顾一切地制造出更多的个体，把宿主细胞塞得满满的。最终细胞会被撑破，细胞也就死了。HPV 的策略则完全不同。它们并不急于杀死宿主细胞，而是让宿主细胞自我复制出更多宿主细胞。宿主细胞越多，生产的病毒就越多。

但是，让细胞加速分裂可不是一件简单的事，要知道，病毒只有区区 8 个基因。正常细胞分裂的过程极其复杂。首先，细胞接受到来自外界和内部的信号，“决定”开始分裂，然后它们调动起一群数量庞大的分子，大家协同工作，重新排布所有的细胞内容物。通过细胞骨架的纤维结构重排，细胞内容物被推到细胞的两端。同时，细胞会复制出一套新的 DNA，这一套 DNA 有多达 32 亿个字母（碱基），所有这些碱基被组织成 46 组，也就是 46 条染色体。

细胞必须把这些染色体均等地拉到细胞两端，然后在细胞即将分裂的地方重新建一堵墙，把细胞一分为二。

这个过程看似繁忙，实际上是非常有序的，有些分子专门行使着监工的职责。如果细胞有癌变的迹象，这些分子就会让细胞自杀。要操纵这个过程，HPV 只需要生成少量的蛋白质，这些蛋白质既能对细胞周期中关键的节点进行干扰，让细胞加速分裂，又不至于让细胞杀死自己。

人体的许多种细胞都是在孩童时期生长得最快，后来逐渐放慢节奏甚至完全停下来。但 HPV 所感染的上皮细胞并非如此，它们在人的一生中不停生长。这些细胞最初是从我们皮肤下面浅浅的一层生发出来的。上皮细胞一边分裂，一边把新生成的一层细胞往上推。随着分裂和上移，这些细胞变得越来越不像自己的前身。它们会合成更多硬度更高的蛋白质，也就是角蛋白（角蛋白也是指甲和马蹄的主要成分）。这些角蛋白能让最表面的皮肤更好地抵御来自阳光、化学物质和极端温度的伤害。最外层的表皮细胞最终还是会死去，而下面的细胞又后浪推前浪地顶上。

面对上皮细胞的这种枯荣换代，HPV 得想办法如何能不被“传送带”推向死亡的终点。被 HPV 感染的细胞向上移动，实际上也在不断靠近它们生命的终点。病毒能感受到宿主细胞靠近表面，然后改变策略。之前，它们会让细胞更快地分裂，在靠近体表之后则发出指令，让宿主细胞制造更多的新病毒。等宿主细胞到达身体最表面，就会破裂并释放出大量 HPV 去感染新宿主。

在大多数 HPV 感染的案例中，病毒和宿主之间会维持和平。被感染的细胞快速生长，但因为它们相继死去，并不会给人体带来伤害。同时，病毒把上皮细胞作为制造新病毒的工厂，新病毒再通过皮肤接触和性接触，传染到新的宿主身上。在这个过程中，人体的免疫系统把感染细胞不断清除出人体，从而维持这个微妙的平衡。（德德身体上之所以会长满树一样的增生，就是因为他有一个遗传缺陷，让他的身体无法驾驭这些病毒。）

宿主和病毒之间的平衡已经存在了上亿年。为了重建乳头瘤病毒的演化史，科学家比较了不同病毒株的遗传序列，也留意了它们能感染哪些宿主。结果显示，乳头瘤病毒不仅感染人、兔子和奶牛这些哺乳动物，其他的脊椎动物，比如鸟类和两栖类动物也都在被感染对象之列。每个特定的病毒株通常只感染一种或几种亲缘关系较近的物种。慕尼黑大学的马克·戈特施林（Marc Gottschling）曾根据这些病毒之间的联系推断，早在 3 亿年前，陆地上最早的卵生脊椎动物（也就是如今哺乳动物、鸟类和两栖类动物的祖先）身上就应该已经携带乳头瘤病毒了。

随着演化的进行，当年古老的动物逐渐演化出了不同的分支，它们身上的乳头瘤病毒也随之演化。有些研究人员猜测，这些病毒演化出各种特化的功能，让它们专门感染宿主身体内某些特定的表面和黏膜。例如，导致疣的病毒专门感染皮肤细胞。另一类感染嘴和其他开口处的黏膜。绝大多数乳头瘤病毒能和它们的宿主和平共处。健康马匹中，2/3 都携带 BPV1 和 BPV2 乳头瘤病毒。有些病毒株演化得更有致癌性，科学家也不知道为什么。

经过数千代的演化，乳头瘤病毒已经在一些宿主身上很好地稳定下来，但偶尔也会跳到新的物种身上。有些动物，比如马，和人类的亲缘关系很远，但它们身上的乳头瘤病毒和 HPV 的亲缘关系却很近；猿类和人类的亲缘关系很近，但它们身上的乳头瘤病毒和 HPV 亲缘关系却较远。病毒要跨越物种，可能皮肤接触就足够了。

我们智人这个物种大约在20万年前起源于非洲，我们的祖先当时可能携带了几种不同的乳头瘤病毒。这几种病毒如今可以在世界各地找到。伴随人类足迹逐渐在整个星球上扩散(5万年前走出非洲,大约1.5万年前抵达美洲)，人类身上的乳头瘤病毒也持续演化。证据之一是某些HPV病毒株的演化谱，正好同人类的演化相呼应。例如，如今感染非洲人的病毒，就属于HPV中最古老的分支，而欧洲人、亚洲人和美洲土著，则携带了各不相同的病毒株。

过去20万年中前99.975%的时间里，人类都不知道自己携带着HPV病毒。这并不是因为HPV少见，事实恰恰相反，2014年的一项研究调查了103个体格健康的人，其中71个人（约69%）检测到了HPV病毒。但病毒对携带者中的绝大多数并未造成伤害。美国大约有3000万女性携带HPV病毒，而这一人群中每年只有1.3万人发展出宫颈癌。

在这部分不幸罹患癌症的人身上，宿主和病毒之间的平衡被打破了。俄勒冈州立大学的娜塔莉娅·舒利任科(Natalia Shulzhenko）和她的同事推测，当HPV病毒的一部分遗传物质“不小心”整合到宿主细胞的DNA中之后，

HPV 就会诱发癌症。被感染的细胞会快速自我复制，在增殖的同时产生新的突变。这些细胞不会像正常细胞那样自然衰老和死亡，而会永葆青春。它们也不太会从组织表面脱落，而是逐渐形成肿瘤，从组织表面隆起，挤压周围正常的组织。

对于大多数癌症，避免患病的最好方式是减少细胞发生危险突变的概率，比如戒烟、避免接触容易致癌的化学物质，以及吃健康食物。但宫颈癌能通过另一种方式避免，那就是疫苗接种。2006 年，世界上第一支 HPV 疫苗在美国和欧洲获准上市。这些疫苗都含有 HPV 的外壳蛋白，注射到人体之后，我们的免疫系统就会开始学习识别 HPV。将来，如果有人感染了 HPV 病毒，其免疫系统就能立马组织反抗，迅速将病毒清除干净。

疫苗的应用在美国掀起了争议。疫苗生产商葛兰素史克推荐孩子在 11~13 岁进行免疫，有些父母担心这种倡议会鼓励孩子发生婚前性行为，因此现在疫苗的接种率还不是很高。2013 年，只有 35% 的男孩和 57% 的女孩在 13 周岁前接种了 HPV 疫苗。美国疾病控制与预防中心（CDC）对此表达了强烈的不满。然而，不管家长们如何反对，疫苗毫无疑问是成功的。科学家进行了长期的研究，结果非常明确，注射了疫苗的孩子对引起 70% 宫颈癌的两种病毒有完全的免疫力。

但即使所有孩子都注射疫苗，宫颈癌也不一定会就此消失。疫苗最多能让它针对的这两种病毒偃旗息鼓，但科学家已经确认了另外 13 种能够致癌的 HPV 病毒，更别说还有很多病毒可能没有被发现。另外，哪怕疫苗制服了如今这两种最“成功”的病毒，自然选择也很可能让其他 HPV 病毒取代它们的位置。我们千万不能低估病毒在演化方面的创造力，要知道它们可是能把兔子改造成鹿角兔，也曾经把人变成树人。

无处不在

4 敌人的敌人

可用作药物的噬菌体病毒

进入 20 世纪之前，科学家已经掌握了不少关于病毒的重要知识，他们知道病毒具有传染性，体型小到不可思议，也知道一些病毒会导致特定的疾病，如烟草花叶病和狂犬病等。但病毒学作为一门年轻的科学，视野毕竟还相当狭窄。它那时更多只是聚焦在那些给人们带来最多麻烦的病毒种类上，比如哪些病毒会让人得病，哪些危害农作物和牲畜的健康。那时的病毒学家，也基本上不会把他们的视野扩展到与人类生活相关的小小领域之外。转机发生在第一次世界大战期间。有两位医生各自独立地将探寻的目光向外又延伸了一点点，看到了一个更大的病毒世界。

1915 年，在非常偶然的情况下，英国医生弗雷德里克 · 特沃特踏入了这个全新的世界。他当时只是想找到一种更简单的方法来生产天花疫苗（smallpox vaccine）。20

世纪早期，常规的天花疫苗里都含有一种天花病毒的近亲，就是更为温和的牛痘（vaccinia）。麻烦的是，牛痘病毒只能从宿主获得，也就是说只能从免疫过的人或者牛体内分离出来。特沃特想看看能不能通过感染实验室培养皿里的细胞，用更快的方式生产牛痘病毒。

他的实验以失败告终，因为细菌污染了培养皿，细胞全军覆没。特沃特当然很崩溃，但他并没有因此而忽视一个奇怪的现象。特沃特注意到，培养皿里出现了一些亮亮的斑点。他把培养皿放到显微镜下，发现亮斑里全是死去的细菌。他从亮斑里取下一点，接种到其他培养皿的同种菌落上。几个小时之后，这些新的培养皿里也出现了亮亮的小斑点，同样是死细菌构成的。作为对照，他从小斑点里也取了一点，接种到其他种类的细菌上，就不会观察到亮斑出现。

对于这些结果，特沃特能想到三种解释。第一，他所观察到的，可能只是细菌生命周期中的一个奇怪特性。还有一种可能是，这些细菌合成了一些酶，把它们自己给杀死了。第三种解释最离奇，可能特沃特发现了一种能杀死细菌的病毒。

特沃特发表了他的发现，在文章里列出这三种可能性，但没做更多解释。“病毒入侵细菌”的想法太激进了，显然没能“入侵”到他的观念中。事情直到两年后才有了翻盘，加拿大裔医生费利克斯·德雷勒（Félix d'Herelle）独立观察到了相同的现象，而这一次，当事人对新想法可是毫不抗拒。

1917年，德雷勒在部队当医生，照顾那些因痢疾垂死挣扎的法国士兵。痢疾的病因是痢疾杆菌，如今我们用抗生素来对付它们，但抗生素直到第一次世界大战之后几十年才被发现。为了更好地了解他的“敌人”，德雷勒医生仔细检查了生病士兵的粪便。

研究的一个步骤是用极细的滤网过滤粪便，致病的痢疾杆菌和其他细菌无法通过滤网，这样，德雷勒医生就得到了一些澄清透明的液体，里面不含有细菌。他把这些液体和新鲜的痢疾杆菌样品混合在一起，铺在培养皿上。痢疾杆菌开始生长，但不到几个小时，德雷勒医生就发现了一个奇怪的现象：菌落上出现了一些透明的小斑点。德雷勒医生从这些斑点上取样，接种到新的痢疾杆菌上，培养皿上再次出现新的亮斑。德雷勒医生得出结论，这些透明的小斑点就是病毒剿灭细菌的战场，里面尸横遍野，全都是已经变透明的细菌尸体。

德雷勒医生相信这个发现意义重大，这些病毒理应有自己的名字，于是给它们起名叫“噬菌体”（bacteriophage，简写为 phage）。

但病毒感染细菌的想法听起来实在是太奇怪了，很多科学家都不能接受。1919 年诺贝尔奖获得者、法国免疫学家朱尔·博尔代（Jules Bordet）也尝试过寻找噬菌体。博尔代在自己的实验中没有用痢疾杆菌，而是使用了一种对人无害的大肠杆菌菌株。他把含有大肠杆菌的培养液倒到极细的滤网上，然后把滤过液和事先准备的另一些大肠杆菌混合在一起。像在德雷勒医生的实验里一样，新的大肠杆菌死了。接下来，他想看看如果把滤过的液体和原来的这一批大肠杆菌混合起来会发生什么。意想不到的事情发生了：这些大肠杆菌已经对滤过液里的“杀手”免疫。这样的结果，让博尔代转而公开极力反对德雷勒医生。

博尔代认为，大肠杆菌没死，说明滤过液里并没有什么噬菌体，而是前一批大肠杆菌分泌了某种蛋白质，把其他的菌株毒死了，而这些蛋白质对它们自己则没有毒性。

德雷勒立马给予反击，博尔代再回应回去，二人之间的激烈论战持续了好多年，直到20世纪40年代才尘埃落定——科学家终于亲眼看到了病毒，德雷勒是对的。这一切得益于电子显微镜的发明，它能帮助人们观察到极微小的病毒。科学家把能杀死细菌的液体和大肠杆菌混在一起，放在电镜下观察——病毒围剿细菌的场景，鲜活地呈现在他们眼前。

噬菌体有着小盒子一样的外壳，里面包裹着盘绕在一起的基因组，整个小盒子下面长着几条蜘蛛腿一样的爪。噬菌体落在大肠杆菌表面的场景，看上去就像登月探测器着陆在月球上一样。接着，噬菌体会在大肠杆菌表面钻个洞，把自己的DNA喷射到大肠杆菌的细胞里。

科学家对噬菌体的了解日渐深入，他们逐渐意识到，德雷勒医生和博尔代当年所争论的完全不是一码事。噬菌体并不只有一种，而不同种噬菌体和它们对应宿主之间的关系也不尽相同。德雷勒医生观察到的是一种比较凶狠的类型，科学家管它们叫“溶菌性噬菌体”，处于这种状态的噬菌体在增殖的过程中就会杀死宿主。博尔代实验中用到的则是一种比较友善的类型，也叫温和性噬菌体。温和性噬菌体对待细菌，更像 HPV 对待我们人类的皮肤细胞——它们感染了宿主，但宿主并不会爆开并释放新的噬菌体，相反，这些噬菌体的基因组会整合到宿主自己的基因组里，然后宿主就像什么也没发生一样，照常生长和分裂，这时候，宿主和噬菌体仿佛合二为一了。

然而温和性噬菌体的 DNA 有时也会觉醒，把宿主细胞征用为自己的复制工厂，制作出更多噬菌体，然后像溶菌性噬菌体一样爆裂而出，去感染更多细胞。无论如何，在温和性噬菌体整合到细菌里之后，其他噬菌体就没法再入侵同一个细菌了，细菌就像免疫了一样。这就解释了为什么博尔代用噬菌体没能杀死最初的那些细菌，因为温和性噬菌体已抢先入驻了细菌，从而保护它们免受更多入侵。

但还没等这两个人的争论得出结论，德雷勒医生已经开始用噬菌体给病人治病了。一战期间，他观察到当士兵从痢疾或其他疾病中康复之后，他们粪便中噬菌体的量都会增加。德雷勒医生觉得，一定是噬菌体杀死了细菌。那么如果他给病人体内注入更多噬菌体，病人不就能更快康复了吗？

在检验这个假说之前，德雷勒医生需要先确定噬菌体对人体是安全的。他亲自吞下一些噬菌体，想看看噬菌体会不会让自己得病，结果发现人体成功消化了噬菌体，他写下：“没有出现任何不适。”接着，德雷勒医生把噬菌体注射到皮下，同样没有致病。他确信噬菌体是安全的，于是开始给病人使用噬菌体。据他报告，噬菌体帮助人们治好了痢疾和霍乱。后来，四名乘客在一艘行驶到苏伊士运河的法国游船上感染了腺鼠疫（黑死病），德雷勒医生用噬菌体给他们治疗，竟然让他们全部康复。

德雷勒医生的噬菌体疗法让他名声大噪，美国作家辛克莱·刘易斯（Sinclair Lewis）以他的惊人发现为原型，写成了 1925 年的畅销小说《阿罗史密斯》（*Arrowsmith*），这部著作在 1931 年又被好莱坞搬上了银幕。同时，德雷勒医生研制的噬菌体药物开卖了，销售这种新药的公司就是我们现在熟知的欧莱雅。当时的人们用德雷勒医生的噬菌体治疗皮肤损伤和肠道感染。

可好景不长，公众对噬菌体的狂热到 20 世纪 40 年代就已归于冷却。把活病毒当成药物的做法，还是让不少医生精神紧张；而且 20 世纪 30 年代发现了抗生素，抗生素毕竟不是活的生物，而是真菌或细菌合成的化学物质或蛋白质，因此医生们对抗生素的反应积极得多。抗生素也不负众望，它们通常能在数天内清除感染，效果惊人。制药公司蜂拥而上，大量生产抗生素，德雷勒医生的噬菌体疗法被打入冷宫。既然抗生素这么成功，为什么还要费劲去研究什么噬菌体疗法呢。

1949 年德雷勒医生离世，但他的梦想没有随之消散。20 世纪 20 年代，德雷勒医生曾造访苏联并会见了一些科学家，这些科学家希望组建一个研究机构以专门研究噬菌体疗法。1923 年，他帮助这些科学家在如今格鲁吉亚共和国的首都第比利斯创建了“Eliava 噬菌体、微生物和病毒研究所”。在它的鼎盛时期，研究所雇用了 1200 名员工，专门制造噬菌体，每年的产量达到几吨。第二次世界大战期间，苏联把噬菌体粉末和用噬菌体制造的药片运到前线，发放给感染的士兵。

1963 年，Eliava 研究所开展了有史以来最大规模的临床试验，想看看噬菌体在人体内究竟能发挥多大的作用。研究所从第比利斯招募了 30769 名儿童，其中一半的实验组被试每周服下一片痢疾杆菌噬菌体药片，另一半对照组吃的是糖做的药片。为了尽量排除环境因素的影响，Eliava 研究所的科学家给生活在每条街道某一侧的儿童服用噬菌体药片，给生活在同一条街道另一侧的儿童吃糖丸。科学家对这些孩子进行了为期 109 天的跟踪。最终的统计显示，服用糖丸的孩子里，6.7‰感染了痢疾；而服用噬菌体药丸的孩子，患病率只有 1.8‰。也就是说，服用噬菌体让患病率降低到了不服用噬菌体患病率的 26.3%。

但是由于苏联政府的保密策略贯彻得太过得力，在格鲁吉亚以外，很少有人知道这个惊人的试验结果。直到 1989 年苏联解体之后，试验才逐渐得到披露，虽然影响范围并不大，但这个试验的确吸引了一群特别有钻研精神的西方科学家投入噬菌体疗法的研究中。他们希望通过自己的努力，让西方世界放下长久以来对噬菌体疗法的偏见，也启用这种疗法。

噬菌体疗法的拥护者坚持认为，我们根本不必担心病毒用于医疗的安全性。毕竟噬菌体实际上广泛存在于最常见的食物中，包括酸奶、酸菜、萨拉米肠里都有。我们的身体里也到处都是噬菌体，要知道人体携带着 100 万亿个细菌，*这些细菌里驻扎一些噬菌体不足为奇。每天，噬菌体都在我们体内杀灭大量细菌，而这个自然的过程也并没有给我们的健康带来任何损害。

噬菌体疗法的另一个顾虑是它们的打击面太窄了。每种噬菌体只会针对一种细菌，但抗生素却能把多种细菌一网打尽。然而现在人们已经能用噬菌体疗法对抗多种细菌感染了。医生只需要把几种噬菌体混合在一起组成一款噬菌体“鸡尾酒”。Eliava研究所的科学家就曾经研发出一种敷料，里面含有六种噬菌体，涂在伤口上，能有效对抗六种能感染皮肤伤口的最常见细菌。

但反对声音仍在。有人批评说即使科学家能设计出有效的噬菌体疗法，演化的力量仍然会让它很快失效。20世纪40年代，微生物学家萨尔瓦多·卢里亚（Salvador Luria）和马克斯·德尔布鲁克（Max Delbruck）眼睁睁地看着细菌对噬菌体产生了抗性。他们把大肠杆菌和噬菌体铺在培养皿上，绝大多数细菌被杀死，但是有很少一部分

* 此结论存在争议。2016年的一份论文显示，平均而言人体携带的细菌数量与人体自身细胞数量差不多，在百亿数量级，但个体的差异可以很大。

逃过了死亡的命运，然后自我复制形成了新的菌群。其后的研究显示，这些少数派之所以能够幸存，是因为在生长的过程中获得了能够抵御噬菌体的突变，接着又把这些突变传给了它们的后代。反对者认为，噬菌体疗法恰恰可能助长了细菌对噬菌体产生抗性，感染同样可能卷土重来。

赞成派则反驳说，能演化的又不只有细菌，噬菌体也在不断演化。在噬菌体自我复制的同时，也会不断产生新的突变，其中某些突变就可能帮助噬菌体突破细菌的抗性。在噬菌体同细菌的对战中，科学家也能帮上忙，他们可以从数千种不同噬菌体中挑选对付某一种感染的最好武器，甚至可以主动改造噬菌体的 DNA，让它们获得对付细菌的新方法。

首例成功改造用来对付细菌的噬菌体出自波士顿大学的生物学家詹姆斯·柯林斯（James Collins）和麻省理工学院的卢冠达之手，二人于 2008 年联合发表了改造的细节。这种新噬菌体对付细菌特别有效，是因为它被改造成能直接攻击细菌的生物膜。生物膜是细菌合成的一层黏黏的、富有弹性的保护膜，抗生素和噬菌体穿不过这层膜，也就无法伤害到细菌。柯林斯和卢冠达从过往的科学文献中寻找能帮助噬菌体破坏生物膜的基因，他们发现细菌本身就编码了一些酶，能降解生物膜，这些酶原本的使命是在适当的时候把细菌从生物膜的保护中释放出来，去开拓领土，建立新的菌群。

柯林斯和卢冠达从这些能降解生物膜的酶中挑出一种，合成了它的编码基因，再把这段基因整合到噬菌体的基因组中。接着，二位科学家又对噬菌体的DNA进行优化，好让它们一进到宿主的细胞里就开始大量合成降解生物膜的酶。科学家把改造过的噬菌体感染到大肠杆菌上，噬菌体果然迅速突破生物膜的阻挡，打入位于最外面的一层大肠杆菌内部，细菌被“绑架”，开始源源不断地生产噬菌体和对抗自身的酶。接着被感染的细菌溃破并把酶释放出来，更深层的大肠杆菌生物膜也被攻破，更多细菌遭受感染。这种经过改造的噬菌体可以消灭99.997%包覆在生物膜之中的大肠杆菌，消灭率大约是改造前的100倍。

柯林斯和他的同行们紧锣密鼓地研究怎么让噬菌体更有效，与此同时，抗生素也正在失去它们曾经的荣光。医生们竭尽全力，同越来越多对现有绝大多数抗生素都产生了抗性的细菌抗争，但有抗性细菌的数量仍在与日俱增。

甚至有时候医生只好孤注一掷地使用那些昂贵而且有严重副作用的药物。更糟糕的是，我们有充分的理由相信，作为最后救命稻草的那些抗生素也早晚会失效——演化的强大力量会让细菌产生新的抗性。科学家竭力研发新的抗生素，但一项新药的研发从实验室到上市，可能耗费超过十年的时间。如今的我们可能很难想象抗生素被发现之前的世界，但我们现在必须开始想象这样一个世界了：抗生素不再是我们对抗细菌的唯一武器。如今，距离德雷勒医生发现噬菌体已经过去了一个世纪之久，这些病毒或许终于可以成为现代医疗的一部分。

5 感染的海洋

海洋噬菌体是如何统治海洋的

一些伟大的发现，初看起来仿佛是可怕的错误。

1986 年，纽约州立大学石溪分校一个名叫利塔·普罗克特（Lita Proctor）的研究生决定看看海水中究竟有多少病毒。当时人们普遍认为海里是几乎没有病毒的。为数不多真正尝试过从海里寻找病毒的科学家，也的确只发现了很少的个体，而且在大多数专家看来，这些偶尔在海水中发现的病毒实际上也都来自陆地上的污水等其他来源。

不过，若干年过去，少数科学家的研究积少成多，越来越多违背共识的证据出现。例如，海洋生物学家约翰·西伯思 (John Sieburth) 曾发表过一张照片，照片展示了一颗海洋细菌释放出大量病毒的过程。普罗克特决定进行一番系统的搜索。她从美洲加勒比海辗转到北大西洋中部的马尾藻海，一路收集海水。回到位于纽约长岛的实验室之后，她小心翼翼地从海水中提取出生命物质，在它们的表面涂布金属，这样这些生命物质就会在电子显微镜下现形。当普罗克特做完冗长的准备工作，终于坐下来仔细观察她的样本时，展现在她眼前的是一个惊人的病毒世界。其中一些病毒自由漂浮，而另一些则埋伏在遭受感染的细菌体内。普罗克特根据样本中病毒的数量估算，每升海水中竟含有多达 1000 亿个病毒颗粒。

普罗克特的计算结果大大超出了之前人们的估计。但是当其他科学家也开展了类似的独立调查，也得到了相似的数据。学术界逐渐认识到，海洋中大约存在着 10000000000000000000000000000000(1×10^{31}) 个病毒颗粒。

这个数字实在太大了，大到根本找不到一个例子来类比。在海洋中，病毒的数量是其他所有海洋居民加起来总量的 15 倍，而它们的总重量则相当于 7500 万头蓝鲸（整个星球上只有不到 1 万头蓝鲸）。如果你把海洋中所有病毒挨个儿排成一排，会延长到 4200 万光年之外。

这些数字并不意味着在海里游泳就是死路一条。海洋病毒中只有极小部分会感染人类，也有的会感染鱼类和其他海洋动物，但迄今为止，它们最常见的目标是细菌和其他单细胞微生物。微生物是渺小的，单独的一个微生物个体肉眼不可见，但当你把所有海洋微生物作为一个整体，那么所有的鲸鱼、珊瑚礁和其他海洋生物都会相形见绌。就像我们身体内的细菌会被噬菌体攻击一样，海洋中的微生物也会遭受海洋噬菌体的攻击。

早在 1917 年，当费利克斯 · 德雷勒从法国士兵体内第一次发现噬菌体的踪影，许多科学家都拒绝相信这种东西的存在。而在今天看来，德雷勒是毋庸置疑地发现了地球上最丰富的生命形式。而且海洋病毒的存在，对整个地球都施加了巨大的影响。海洋中的噬菌体影响着全球的海洋生态系统，它们在全球气候中也留下了自己的印记。在数十亿年生命演化的过程里，它们一直扮演着至关重要的角色。可以说，它们是所有其他生命仍然在世的母体。

海洋病毒的强大在于它们的传染性。在短短 1 秒钟之内，它们能对微生物发起 10 万亿次进攻；每一天，它们能杀死海洋中 15% ~ 40% 的细菌，而宿主细菌的死亡就意味着更多噬菌体被释放出来。每升海水每天能产生多达 1000 亿个新病毒，这些病毒马上就会投入战斗，迅速感染新的宿主。高效的作战风格让它们很好地控制了宿主，而我们人类就成了获益者。例如霍乱，它由一种经水传播的弧菌所致，这种细菌也是不少种噬菌体的宿主。当霍乱弧菌爆发并导致霍乱流行时，噬菌体也跟着大肆繁殖。病毒迅猛增殖，越来越快地杀死弧菌，直到超过了微生物繁殖的速度，细菌阵营就溃败下来，霍乱的流行也因此平息。

制止霍乱爆发对于海洋病毒来说只是雕虫小技。它们能杀灭无数种微生物，而微生物本身又是地球上最伟大的地质工程师，二者角力，甚至会影响整个地球的大气层。藻类和光合细菌生产了大约一半我们吸入的氧气，藻类的代谢还会生成二甲基硫，这种气体释放到空气中，水汽围绕它们开始凝结，就形成了云。云层把来自外太空的阳光反射回去，就使地表冷却下来。微生物还会吸收和释放出大量二氧化碳，这些二氧化碳通过捕获大气中的热量来调节大气温度，例如一些微生物的代谢废物是二氧化碳，当它们大量排放到大气中，就会使地球变暖。相反，藻类和光合细菌在生长的过程中又会吸收二氧化碳，使大气变冷。当海洋微生物死去，它们之中蕴藏的碳会沉入海底。就是这一层层逐渐积累的微生物遗体，在数百万年的时间里让地球温度稳定下降。更重要的是，死去的微生物会变成岩石——位于英国多佛的白崖之所以拥有它神奇的颜色，正是尾藻这种单细胞生物的白色外壳大量沉积的结果。

但即使是这么伟大的地质工程师，也会源源不断地死在病毒手里，实际上每天死于病毒袭击的细菌多达数万亿。随着这些受害者的生命走向终结，每天会有10亿吨的碳元素被释放出来。这些重获自由的碳有时候会起到养料的作用，哺育其他的微生物，还有一些就沉入了海底。细胞内的分子是有黏性的，所以一旦病毒把它们的宿主爆开，这些有黏性的分子就释放出来，裹挟住更多的碳分子，如同巨大的雪暴，纷纷落入海底。

海洋病毒的惊人之处不仅在于它们的数量，还在于它们的遗传多样性。人类的基因和鲨鱼的基因非常相似——科学家甚至可以在鲨鱼基因组中找到与人类基因组中大多数基因相对应的基因。然而，海洋病毒的基因与人的基因之间几乎没有任何相似性。在对北冰洋、墨西哥湾、百慕大和北太平洋的病毒进行的调查中，科学家发现了180万个病毒基因，其中只有10%的基因能与微生物、动物、植物或其他生物（甚至包括病毒）的基因相对应。其他90%的基因都是全然陌生的。从200升海水中，科学家一般可以找到5000种遗传背景完全不同的病毒，而在1千克海洋沉积物中，病毒的种类可能达到100万种。

造成如此丰富的多样性的其中一个原因是海洋病毒可以感染的宿主数量庞大。每种病毒都必须演化出新的性状，才能有效穿过宿主的防线。多样性也可以是更和平的演化的结果。温和噬菌体完美地融合在宿主的DNA中，当宿主繁殖时，在复制自身DNA的同时也会复制病毒的DNA。只要温和噬菌体的DNA在复制过程中能保持完整，它就保留了重获自由的机会，时势艰难时，噬菌体能再次脱离宿主而出。但是经过足够多的世代，温和噬菌体的基因组里总会出现一些突变，让它再也不能逃脱，这时候，它就成为了宿主基因组永恒的一部分。

当宿主细胞制造新病毒时，它有时会意外地加入一些自己的基因。这些新病毒就成了这些基因的载体，它们带着这些来自宿主的基因在漫漫海洋中畅游。当病毒插入新宿主的基因组，旧宿主给它们的这段基因也就插入了新宿主的基因组。一项研究显示，海洋病毒每年都会在不同的宿主之间传递大约一亿亿亿（1×10^{24}）个基因。

有时，这些外来基因能使新宿主在生长和繁殖方面更成功。宿主的成功也意味着病毒的成功。虽然有的病毒会要了霍乱弧菌的命，但有的病毒却给细菌提供了释放毒素的基因，人感染霍乱之后，正是这些毒素引起了腹泻。这些带有毒素基因的病毒可能就是新霍乱流行的始作俑者。

世界上之所以有这么多氧气，也可能和基因通过病毒的传递有关。海洋聚球藻（Synechococcus）是一种在海洋中含量非常丰富的细菌，它们包揽了全球约 1/4 的光合作用。科学家仔细分析了海洋聚球藻样本中的 DNA，从中发现了捕捉光子的蛋白编码基因，而这种蛋白基因正来自病毒。科学家甚至也在海里找到了携带光合作用基因的自由漂浮病毒，这些病毒正在等待遇到新的宿主。粗略估算，地球上 10% 的光合作用都是病毒基因开展的。也就是说，你每呼吸十次，就有一口氧气是病毒惠予的。

基因在物种之间的穿梭，对地球上所有生命的演化都产生了深远的影响。毕竟生命是从海洋中走出来的。最古老的生命痕迹是大约 35 亿年前海洋微生物的化石；多细胞生物也是从海洋中演化而来，最古老的多细胞生物化石可以追溯到 20 亿年前。事实上我们的祖先直到大约 4 亿年前才爬上陆地。病毒并不会在岩石中留下化石痕迹，但它们却能在宿主的基因组中留下自己的印记。这些印记表明病毒已经存在了数十亿年。

科学家可以通过比较很久以前从共同祖先分道扬镳的物种的基因组，来确定某个基因的演化历史。例如，通过比较，科学家就从现在的宿主细胞里找到了一些来自远古病毒的基因。科学家发现，所有现存生物的基因组中都有镶嵌的痕迹，正是病毒充当了载体的角色，在基因组中引入成百上千的新基因。科学家在生命之树上所能触及的地方，都有病毒传递基因的痕迹。达尔文把生命的历史比作一棵树，但基因的历史——至少是海洋微生物和它们所携带病毒显示出的基因的历史——更像是一个繁忙的贸易网络，这个网络可以一直蔓延到数十亿年前。

6 人体内的“寄生者”

内源性逆转录病毒和我们满布病毒的基因组

宿主体内有很多基因可能最初来自病毒，这件事听起来实在是太诡异了。我们通常认为基因组是人类最本源的身份特征。细菌基因组中绝大多数 DNA 就是病毒引入的，人们也思考过类似的问题——细菌到底有没有自己明确而独立的身份，还是只是一个拼接怪物，就像科幻故事里弗兰肯斯坦造的怪人一样。

以前，我们并不会觉得这个问题和人类有关系，它更像是微生物才会面对的问题，只有这些“低等”的生物基因组里会有一些病毒基因，看起来也是偶然混进去的。然而现在，我们再也不能这样自我安慰了。审视一下人类基因组，里面有大量病毒基因的痕迹，数量成千上万。

认识到这一点还得感谢鹿角兔。鹿角兔本是一个民间传说，却给医学研究提供了重要线索，众多病毒学家对其追根溯源，竟做出病毒致癌的重要发现。20 世纪 60 年代，人们最深入研究的致癌病毒之一，是禽白血病病毒。当时，这种病毒席卷了所有养鸡场，威胁着整个家禽行业。禽白血病病毒是一种逆转录病毒，逆转录病毒能把遗传物质插入宿主细胞的 DNA 中。宿主细胞分裂的时候，会同时复制细胞和病毒的 DNA。在特定的条件下，细胞会被迫生产出大量新病毒——先合成病毒的基因和蛋白质外壳，接着把病毒从细胞里释放出去，进一步感染其他细胞。如果逆转录病毒的遗传物质不小心插到了错的地方，就有可能让宿主细胞发生癌变。逆转录病毒带有一些特殊的基因“开关”，这些开关能作用于宿主细胞，让插入位置附近的基因开始合成蛋白质。有时候这些开关会打开一些本来应该关闭的宿主基因，这就会导致癌症。

禽白血病病毒是一种非常奇怪的逆转录病毒。以前，科学家检测病毒的方法是从鸡的血液里寻找属于病毒的蛋白质。有时候他们甚至能在从没得过癌症的健康鸡只的血液中找到禽白血病病毒的蛋白质。更奇怪的是，携带病毒蛋白质的健康母鸡生下的小鸡也是健康的，但同时也携带这种蛋白质。

当时在华盛顿大学工作的病毒学家罗宾·韦斯（Robin Weiss）猜测，病毒或许已经成为了鸡DNA中永恒且无害的一部分。他和同事们从健康鸡只身上取了一些细胞，用能引发突变的化学物质和辐照来处理这些细胞，想看看能不能把病毒从它的藏匿之处给逼出来。正如他们所料，突变的细胞果然释放出禽白血病病毒。也就是说，这些健康的鸡并不是单纯在一些细胞中感染上了禽白血病病毒，事实上，制造病毒的遗传指令已经嵌入它们所有的细胞之中，并随着分裂和增殖传递给后代。

这些“私藏”病毒的鸡并不是什么奇怪的品种。韦斯和其他科学家开展了更多的研究，在若干品系里都发现了禽白血病病毒。一个直观的推论是，这种病毒或许是鸡DNA中由来已久的一分子。那么，这种病毒到底是在什么时候感染了鸡的祖先呢？韦斯和他的同事们将目光锁定在马来西亚丛林。他们从那里抓了一些红原鸡，这是和家鸡亲缘关系最近的野生物种。韦斯发现红原鸡携带着同样的病毒。然而在后来的探索中，在原鸡其他种个体的基因组中，韦斯却没有找到病毒的踪影。

科学家逐渐归纳出一个相对合理的假说，可以解释病毒是怎么整合到鸡的基因组去的。原来，在几千年前，病毒感染了家鸡和红原鸡的共同祖先。它入侵宿主细胞后，开始自我复制，继而去感染其他个体。病毒所到之处，基本上都引发了肿瘤。但在其中至少一只身上却发生了不寻常的事。这只鸡祖先不仅没有得癌症，它的免疫系统反而把病毒制服了。病毒就这样在它体内无声地扩散，最终移动到鸡的性器官。这只鸡祖先交配之后，受精卵的DNA里就自然含有病毒的DNA。

这个受精卵随后会发育成胚胎。胚胎的所有细胞最初都是由这个受精卵发育而来的，所以胚胎中所有细胞里都应该含有病毒DNA。最后，破壳而出的小鸡就成了一个鸡和病毒的“嵌合体”。嵌合体小鸡长大,有了自己的后代，后代的基因组中同样藏着禽白血病病毒的DNA。就这样，病毒在数千年的时间里一代代无声地传递。但在特定的情况下，病毒会被重新激活，产生肿瘤，并扩散到其他宿主身上。

科学家还发现，这种病毒自成一类。科学家称其为内源性逆转录病毒——“内源性”的意思是说，它们是从生物内部产生出来的。科学家很快从其他动物身上发现了更多内源性逆转录病毒。事实上，这类病毒潜伏在几乎所有重要的脊椎动物类群里，从鱼类、爬行动物到哺乳动物的基因组中，都能找到它们的痕迹。一些最近发现的内源性逆转录病毒，如同禽白血病病毒一样会致癌，但同时也有很多对宿主完全没有影响——因为这些病毒又出现了额外的突变，让它们没法利用宿主细胞制造新病毒。不过，这些因为“残疾”而禁锢了脚步的病毒仍然有可能再重新插入宿主的基因组，重新开始复制自己的基因。还有些内源性逆转录病毒实在被突变搞得过于支离破碎，无法再发挥任何威力，沦为宿主基因组里一件小小的行李，从一代传递到下一代。

科学家一般认为人类基因组中没有活跃的内源性逆转录病毒。但在法国维勒瑞夫（犹太城）的古斯塔夫·鲁西癌症研究中心（Gustave Roussy Institute），研究人员蒂里·海德曼（Thierry Heidmann）和同事却找到了让这些静默的病毒重新活化的方法。当时，海德曼正在研究一种内源性逆转录病毒，他注意到，这种病毒在不同人中有不同的版本。而这些个体差异大概是在逆转录病毒整合到人类祖先基因组里之后产生的。随着人类的繁衍，病毒基因的不同部分相继出现了不同的突变。

海德曼和他的同事们比较了病毒相关序列的不同变异类型。这个过程就像在研究莎士比亚剧本的四个版本，每个版本都是粗心的文职人员抄写的。每个人犯的错误各不相同，同一个词就可能抄成四种样子。比如逆转录病读、拟转录病毒、逆转鹿病毒、逆转录兵毒……通过比较四个版本，历史学家就能推断出原来的词是“逆转录病毒”。

用这种方法，海德曼和他的同事们就能用人体中现存各种各样突变版本的序列，来确定最初的DNA序列，再参照算出的序列合成相应的DNA，并插入到培养的人类细胞中。被感染的一部分细胞真的生产出了很多病毒，还能再去感染其他细胞。换句话说，起初的这段DNA的确是能感染细胞的活病毒。2006年，海德曼将这种病毒命名为“不死鸟”(Phoenix)，取其寓意，这种病毒就像从灰烬中重生的神秘凤凰一样，可以起死回生。

不死鸟病毒可能是在距今不到100万年的时间里感染了我们的祖先。而我们身体里也有一些病毒比这还要古老。我们是怎么知道的呢？科学家发现了一些同时存在于人类和其他物种基因组中的病毒，说明它们是在人类和这些生物在演化上分道扬镳前就进入了我们共同祖先的基因组。比如伦敦帝国学院的病毒学家亚当·李（Adam Lee）和他的同事就在人体内发现了一种名为 ERV-L 的内源性逆转录病毒，同时他们也在许多其他物种中发现了同样的病毒，这其中不乏马和食蚁兽这样和人差别巨大的生物。科学家画出的病毒演化树同它们宿主的演化树完美重合。看来这种内源性逆转录病毒似乎在距今 1 亿年前感染了有胎盘类哺乳动物的共同祖先，之后随着这一支哺乳动物演化至今，成为了犰狳、大象、海牛也包括我们人类体内的常驻客。

内源性逆转录病毒整合到宿主基因组中之后，仍然可以复制自身的 DNA，并重新插入宿主基因组。上百万年来，内源性逆转录病毒一直在反复不断地入侵我们的基因组，日积月累，到今天已经数量惊人。我们每个人的基因组中携带了近 10 万个内源性逆转录病毒的 DNA 片段，占到人类 DNA 总量的 8%。反过来看，人类基因组中 2 万个负责蛋白质编码的基因，也只不过占到 1.2% 而已。科学家对人类基因组里其他被同步复制且会重新插入的 DNA 小片段进行了整理，这些 DNA 片段的数量高达数百万个。他们推测这些片段中很多可能也是从内源性逆转录病毒演变而来。这些入侵者经过数百万年的演化，已经被剥夺了大量的DNA，只剩下自我复制的最关键基因。换句话说，我们的基因组中简直病毒泛滥。

虽然这类病毒DNA中的大多数都没用，但我们的祖先也的确“征用”了一些对我们自身有好处的病毒。如果没有这些病毒，我们甚至没法出生。

1999年，让–吕克·布隆（Jean-Luc Blond）和他的同事发现了一种名为HERV-W的人类内源性逆转录病毒。他们惊讶地发现，这种逆转录病毒中的一个基因能合成出一种名为合胞素（syncytin）的蛋白质。这种蛋白质有一项非常重要且精准的使命，但并非针对病毒，而是针对它的人类宿主。它只出现在人类的胎盘里。

胎盘外层的细胞产生合胞素，这样细胞就能黏着在一起，从而让分子在细胞之间顺畅地流通。科学家发现小鼠也会制造合胞素，于是他们就用小鼠来做实验，研究这个蛋白质的功能。他们删除了小鼠的合胞素基因，结果小鼠胚胎没有一个能活到生出来。他们就此推断，这种病毒蛋白对于胚胎从母亲血液中吸收营养是必需的。

科学家在其他有胎盘类哺乳动物中都找到了合胞素。

随着研究的深入，关于这种奇异蛋白质又有了另一个意外发现：它实际上并不是单一的一种蛋白质，而是好几种。在演化的历史中，不同的内源性逆转录病毒分别感染了不同的有胎盘类哺乳动物。包括我们人类在内的一部分物种先后被两种病毒感染，它们合成的是两种不同的蛋白质，之后，旧的蛋白质逐渐被新的取代。

蒂里·海德曼在研究中发现了许多种合胞素蛋白，他提出一种假说。一亿年前，哺乳动物的祖先被一种内源性逆转录病毒感染，从而获得了最早的合胞素蛋白，同时产生了最早的胎盘。几百万年来，有胎盘类哺乳动物祖先演化出若干分支，在演化的过程中又被其他内源性逆转录病毒感染。有的新病毒也带有合胞素基因，而且编码的蛋白质性状更佳。因此哺乳动物的不同分支，包括啮齿动物、蝙蝠、牛、灵长类动物等体内的合胞素蛋白，就得以更新换代了。

在演化史上最近的瞬间，人类脱颖而出，病毒对我们的生存功不可没。原本就并没有什么“它们”和“我们”之分——生物在本质上只是一堆不断混合、不断闪转腾挪的 DNA 而已。

与病毒共赴未来

7 新的灾难

人类免疫缺陷病毒和源于动物的疾病

每个星期，CDC 都会发布一份《发病率和死亡率周报》。1981 年 7 月 4 日发布的那期，在寻常无奇中也夹杂了诡秘莫测的消息:几位洛杉矶医生注意到一个奇怪的“巧合”。1980 年 10 月至 1981 年 5 月期间，该市有五名男子因患有同样罕见的卡氏肺囊虫肺炎而入院治疗。

卡氏肺囊虫肺炎正是由卡氏肺囊虫这种常见真菌引起的，卡氏肺囊虫孢子无处不在，大多数人在童年的某个时刻都曾把它吸入到呼吸道里。但人的免疫系统会迅速干掉这些真菌，并产生抗体，保护主人一辈子。然而，如果这个人的免疫系统比较弱，卡氏肺囊虫就会失控。病人的肺部会充满液体，伤痕累累。卡氏肺囊虫肺炎患者难以吸入足够的氧气，因此很难维持生存。然而，洛杉矶的五个卡氏肺囊虫肺炎患者的症状并不典型。他们都是年轻男性，在患上肺炎之前健康状况良好。《发病率和死亡率周报》的编辑们针对报告做出推测，这五名男性的奇怪病例“可能表明他们有细胞层面的免疫功能障碍”。

当时他们并不知道，自己观察到的几个病例，竟然会迅速演变成当代历史上最恐怖的流行病，而这份周报就成为了这场灾难的第一次正式记录。五位洛杉矶男性患者确实有细胞层面的免疫功能障碍，始作俑者就是人类免疫缺陷病毒（HIV），也就是艾滋病毒。后来研究人员才发现，这种病毒已经悄悄感染人类长达 50 年之久。自 20 世纪 80 年代被发现后，它们继续感染了 6000 万人，并让其中一半失去了生命。

艾滋病毒声名在外，但传染性并不强，人其实并不会很容易感染艾滋病。哪怕患者在你边上打喷嚏甚至和你握手，你都不会被传染。艾滋病毒只能通过特定种类的体液——比如血液和精液进行传播。所以无保护的性行为会传播病毒，人输了被病毒污染的血也会被感染。准妈妈如果是艾滋病毒携带者，也可能把它传染给未出生的孩子。一些海洛因成瘾者和他人共用针头，如果其他人是 HIV 携带者，那么病毒就很可能通过被污染的针头进入他的体内。

一旦艾滋病毒进入人体，它就会大肆攻击人体免疫系统。它的目标非常专一，是一种名叫 CD4 的 T 细胞，这是一种免疫细胞。艾滋病毒能让这些细胞的细胞膜像肥皂泡一样彼此融合在一起。像其他逆转录病毒一样，艾滋病毒能将自己的遗传物质插入细胞自身的基因组。病毒的基因和蛋白质马上开始操纵并逐渐接管整个宿主细胞，接着就能利用这些细胞复制出更多的 HIV 病毒，去感染更多的细胞。

起初，人体内 HIV 病毒数量迅猛增长，一旦免疫系统识别了感染细胞，就开始了破釜沉舟的打击，感染的细胞被自身免疫系统摧毁，病毒数量随之下降。病人会觉得自己只是得了一场轻微的流感。免疫系统能成功剿灭大多数 HIV 病毒，但是，一小部分病毒会低调地存活下来。在它们藏匿其中的 CD4 细胞里继续生长、分裂，大多数时间平静如常，偶尔重新唤醒，释放出一波病毒，感染更多细胞。免疫系统忙不迭地把突发的小进攻镇压下去，但多次反复下来最终会筋疲力尽，全面崩溃。

免疫系统失灵的时间因人而异，可能只需要 1 年，也可能长达 20 年。但不管这个过程有多久，这一天还是会到来：病人的免疫系统再也无法胜任本职工作，本来无法伤害健康人的那些疾病都会变成致命的绝症。20 世纪 80 年代初，一大批疑似卡氏肺囊虫肺炎患者涌进医院，其实他们都是 HIV 病毒感染者。

就这样，在找出病毒之前，医生就先见识了 HIV 的厉害。他们把疾病命名为获得性免疫缺陷综合征，简称艾滋病（AIDS）。1983 年，也就是在人们首次观察到艾滋病患者两年之后，一组法国科学家才从患者体内真正分离出了艾滋病毒，更多的研究也都确认艾滋病的源头就是 HIV 病毒。但与此同时，在美国和其他国家，艾滋病病例陆续涌现。古代也有流行病大灾难，疟疾和肺结核已经困扰人类数千年之久，而艾滋病毒则是一个“后起之秀”，1980 年前还默默无闻，在短短几年间就成为全球性杀手，也成了流行病领域的谜。

科学家耗费了 30 年的时间，才大概摸清了艾滋病的根源。第一条线索来自患病的猴子，美国各个灵长类研究中心的病理学家都注意到，手头许多灵长类动物患上了怪病，症状和人类的艾滋病相似。他们猜测或许猴子也感染了类似 HIV 的病毒。1985 年，新英格兰灵长类动物研究中心的科学家尝试将 HIV 抗体加入病猴的血清，结果这些大分子竟然真的“钓”出了一种新病毒。科学家随后将它们命名为猴免疫缺陷病毒，简称 SIV。进一步的研究揭示出其他 SIV 病毒株也感染了其他种猴类和猿类。科学家推断，HIV 可能就是从其中某一种 SIV 病毒演化来的，不过具体是哪一株，当时还是未知。

1991 年，纽约大学的普雷斯顿·马克斯（Preston Marx）和他的同事们在西非白顶白眉猴体内找到了一种和艾滋病毒极为相似的病毒。但这个发现并没有解决艾滋病毒的起源问题，反而让它看上去更复杂了。20 世纪 80 年代，科学家根据艾滋病毒的遗传背景，很巧妙地将之分成两种类型，分别命名为 HIV-1 和 HIV-2。HIV-1 在世界各地都很常见，HIV-2 只出现在西非的某些地区，而且攻击性比 HIV-1 要差很多。马克斯在白顶白眉猴体内找到的病毒株与 HIV-2 亲缘关系更近。

马克斯的研究暗示，艾滋病毒并不是单一起源的。HIV-2 是从白顶白眉猴携带的 SIV 病毒独立演化而来，而 HIV-1 的来源还扑朔迷离。随着对白顶白眉猴的研究进一步深入，状况更复杂了。科学家发现了几种 SIV 病毒株，这些不同的SIV病毒都只和某一支HIV-2更接近，和其他HIV-2的关系都比较远。这个结果说明，在演化的历史中白顶白眉猴所携带的SIV病毒曾多次完成跨物种跳跃，迁移到人类群体，并分别演变成不同的HIV-2病毒株——这个过程竟然多达9次！

没人亲眼目睹过这9次跳跃，但我们对它们的发生过程可以说是非常肯定的。很多西非人把白顶白眉猴当宠物一样养，猎人也经常捕杀这种猴子，卖它们的肉。当白顶白眉猴和人发生血液接触——比如猴子咬了猎人，或者屠夫切猴子肉的时候，病毒就有可能从猴子进入人体。接着，SIV病毒会感染新宿主的细胞，自我复制，并逐渐适应新的宿主。

HIV-1是艾滋病主要的罪魁祸首，搞清楚HIV-1的来源用了更长的时间。1989年，法国发展研究院（IRD）和蒙彼利埃大学的病毒学家马蒂娜·彼得斯（Martine Peeters）和她的同事们在非洲加蓬的豢养黑猩猩身上发现了一种类似HIV-1的病毒。为了在野外研究这种病毒，研究人员去到了位于赤道非洲的森林。他们并不是要从黑猩猩体内抽血，因为猿类不仅神出鬼没，身体强壮，而且对手拿针头的人类没什么好感。取而代之的方法是收集粪便，猿类喜欢把屎拉在树下睡觉的地方。科学家把粪便带回实验室，从里面寻找病毒的踪迹。结果，不管样品来自东部的喀麦隆还是西部的坦桑尼亚，所有黑猩猩粪便中都分离出了 SIV 病毒株。其中喀麦隆南部黑猩猩体内的病毒和 HIV-1 亲缘关系最近。1999 年，科学家综合掌握的线索，画出了病毒的演化树，发现 HIV-1 的演化过程和 HIV-2 类似，都是多起源的。

让我们梳理一下。HIV 的相关研究人员把世界上所有的 HIV-1 病毒分成了四组。其中 90% 的艾滋病都是由 M 组病毒导致的，M 是 main（“主要”）的简写，表示了这种病毒在 HIV 家族中的优势地位。其他病毒株分别属于 N、O、P 组，数量较少。彼得斯和同事们发现，一种来源于喀麦隆黑猩猩体内的 SIV 病毒与 M 组病毒亲缘关系最近。其他黑猩猩病毒和 N 组相似。O 组和 P 组仍然来源不明。

彼得斯和同事们在森林中搜集黑猩猩粪便的同时，也留心观察了其他灵长类动物。他们足迹所至的某些森林里也有大猩猩出没，于是他们顺便收集了那里的大猩猩粪便，也带回实验室进行研究。2006 年，他们宣布，在喀麦隆的大猩猩体内也找到了 SIV 病毒。

彼得斯和同事们发现大猩猩体内的 SIV 也源于黑猩猩，于是他们想仔细了解一下大猩猩 SIV 同黑猩猩和人类相应的病毒之间到底有什么样的联系。他们采取了之前的实验方法，从大猩猩的分布区域里系统地收集粪便。但除了在喀麦隆大猩猩体内找到了 SIV 病毒，他们从其他 3000 多份大猩猩粪便中一无所获。在喀麦隆境内，情况则大大不同，这里的大猩猩体内的 SIV 病毒还不止之前发现的一种。2015 年，彼得斯和她的同事们终于宣布，喀麦隆大猩猩携带的所有 SIV 病毒株中，两个病毒株被确认为 HIV-1 病毒 O 组和 P 组的祖先，这个发现终于揭开了长久以来的谜团，HIV-1 最后两组病毒的身世也尘埃落定。

P 组是迄今为止发现的最罕见的艾滋病毒类型，仅从喀麦隆的两位患者体内分离出来过。这一小支病毒似乎只是演化的一次失败尝试，它们不擅长感染人类。而 O 组则厉害得多。在喀麦隆，它们已经感染了大约 10 万人。科学家发现，O 组病毒在人体内复制的能力和 M 组成员一样强。随着大猩猩 SIV 病毒的发现，艾滋病毒的演化树终于清晰起来。SIV 病毒反复向人类跳跃，前前后后一共 13

次，其中 9 次演化成 HIV-2，4 次成了 HIV-1。

但这些跳跃究竟是在什么时候发生的呢？为了回答这个问题，一些科学家回过头去检查了 HIV 病毒被发现之前因为神秘疾病死去的病人。1988 年，研究人员发现一位死于 1976 年的挪威水手〔名为阿尔维德 · 诺埃（Arvid Noe)〕感染了 HIV-1 型的 O 组病毒。1998 年，洛克菲勒大学的美籍华裔科学家何大一和他的同事又从 1959 年比属刚果金沙萨一名病人的血液样本中分离出了 M 组病毒。2008 年，美国亚利桑那大学的迈克尔 · 沃罗比（Michael Worobey）和同事从另一份 1960 年的金沙萨样本里也发现了 HIV-1 型 M 组病毒。科学家仍然没有满足，他们希望能深入 HIV 的基因组，揭开更久远的故事。

病毒复制的时候，会以相对固定的速度积累突变，如同沙漏中的沙子一样堆积起来。通过测量“遗传沙堆”的高度，科学家就可以估算这些病毒基因一共演化了多长时间。用这个方法，科学家发现 HIV-1 型 M 组和 O 组都起源于 20 世纪初（然而现在还没有足够的数据来估计 HIV 其他分支的历史）。

科学家掌握的所有证据都指向了同一个 HIV-1 病毒

起源的假说，即这些病毒并不是一次性出现的，而是经历了若干次的“起源”。此前，和 HIV-1 同源的 SIV 病毒一直在非洲的黑猩猩群体中不断传播，一次偶然的机会让它们感染了一只大猩猩。感染或许发生在位于喀麦隆的一棵无花果树上，为了争夺成熟的果实，大猩猩同黑猩猩之间发生了一场血战，大猩猩在近身搏斗中遭到感染。几个世纪以来，喀麦隆的猎人会捕杀黑猩猩和大猩猩，吃他们的肉，在捕猎的过程中时不时被猿类的 SIV 病毒感染。但在 20 世纪以前，这些猎人的活动范围远离人群，病毒虽然进入他们的身体，但还是没有门路感染更多人。一些人能从 SIV 感染中恢复健康，因为他们的免疫系统遏制住了那些还没有充分适应新环境的病毒。当然也有的感染以宿主细胞的死亡而告终，因此也没能继续传染给更多人。

20 世纪初，非洲发生了翻天覆地的变化，这给 SIV 病毒向人类大进军提供了新机会。沿河开展的商业行动让人从村庄大批迁移到城镇，同时带去的还有病毒。非洲中部原本零星的聚居地迅速发展成万人以上的城市，于是病毒在宿主之间传播的机会大增。黑猩猩携带的一种 SIV 病毒株伺机入侵了不断膨胀的人群，并演变成了 HIV-1 型 M

组病毒；而来自大猩猩的另一株病毒也开始在人群中繁衍生息，形成了 HIV-1 病毒的 O 组。

随着这两种病毒在人类宿主中复制，它们不断突变，其中一些让病毒更容易增殖。想成功变成人类病毒，病毒必须克服强大的人类免疫防御。HIV 复制时，新的病毒需要从旧的宿主细胞中跑出去，并不断增殖。人体细胞能制造一种叫作束缚蛋白（tetherin）的蛋白质，它会抓住病毒并把它们固定在原本的细胞表面。而前面提到的两种病毒各自演化出了不同的绝招，让自身能不受束缚蛋白的约束。

HIV-1 的 M 组和 O 组病毒出现的最初几十年里，它们在喀麦隆都增长缓慢。来源于大猩猩的 O 组病毒干脆从来没有成功逃脱人体宿主细胞。但 M 组迎来了命运的转机。这一组病毒在 20 世纪中叶传播到金沙萨（这个城市当时还叫利奥波德维尔）。在人口稠密的贫民窟，病毒迅速传播。病毒感染者从城市沿河流和铁路向非洲中部其他大城市——包括布拉柴维尔、卢本巴希和基桑加尼迁移。到 1960 年，HIV-1 型 M 组病毒的脚步已经横贯非洲大陆。

在接下来的几年中，随着刚果从比利时独立，在刚果工作的海地人重返祖国，HIV-1 型 M 组病毒也传播到海地。

到了 20 世纪 70 年代，海地移民或美国游客进一步把艾滋病毒带到了美国。这已经是在病毒迁移到人类身上大约 40 年后的事了，也正是洛杉矶的五名男性患上奇怪肺炎之前的 10 年。

也就是说，科学家 1983 年发现艾滋病毒的时候，这种病毒已经成了潜藏的全球性灾难；而当科学家终于着手反击，病毒则早已占据了先发优势。20 世纪八九十年代，因艾滋病而死亡的人数不断攀升。一些科学家乐观地认为针对病毒的疫苗能迅速研发出来，但此后一系列失败的实验让他们的希望化为了泡影。

人类付出了很多年的努力，才让艾滋病的流行得到了控制。公共卫生工作者尝试了一系列的公共卫生政策，例如控制针头的使用，发放避孕套等，并取得了相应的效果。其后抗艾滋病药物的问世在人类对抗病毒的斗争中起到了极大的作用。今天，数百万艾滋病患者在接受鸡尾酒疗法，此项疗法是利用一系列药物来干扰艾滋病毒感染免疫细胞，目的是避免病毒利用免疫细胞进行复制。在经济实力较强的国家，例如美国，这些药物的确让很多病人重新拥有了相对健康的身体。政府组织和一些民间组织又把这些药物送到较为贫穷的国家，这些地区的艾滋病受害者也得以延长了生命。2005 年,艾滋病死亡率达到有史以来最高，当年有 250 万人因此失去生命，但其后病毒的威力逐年减弱。到 2013 年，死于艾滋病的人数降低到了 150 万。

理论上来说，我们可以让这个数字变成零。艾滋病疫苗仍然是实现这一目标的最大希望。而最近的研究又让人们重新燃起了希望，有效的疫苗可能指日可待。抗 HIV 药物的广泛使用也能让已经感染的艾滋病患者体内的病毒数量得到有效控制。与此同时，研究人员也在积极探索 HIV 病毒的生物学特性和演化历史，希望能找到这些病毒的致命弱点。现在人类对 HIV 的了解已经非常深入，我们甚至对一百年来病毒为适应人类而做出的分子层面的改变都了如指掌。我们完全有可能在此基础上逐一去破坏这些适应性状。换句话说，防治艾滋病的未来，答案或许都藏在它的过去之中。

8 融入美国

西尼罗河病毒走向全球

1999 年夏天，乌鸦开始离奇死亡。

美国纽约布朗克斯动物园首席病理学家特蕾西 · 麦克纳马拉（Tracey McNamara）在园区各处发现了一些死去的乌鸦。她很担心，怕是纽约出现了新的鸟类传播病毒。如果乌鸦都在死亡，很可能动物园其他的鸟类也会被传染并丧命。

在接下来的劳动节周末，* 她的担心应验了。三只火烈鸟突然死亡，接下来是一只雉鸡、一只秃鹰和一只鸬鹚。动物园的工作人员把死去的鸟儿送到她的实验室检查。特蕾西 · 麦克纳马拉发现，这些鸟有明显的感染，感染导致它们脑组织出血。但麦克纳马拉无法判断罪魁祸首究竟是

* 美国的劳动节是每年 9 月的第一个周一，文中的周末指与劳动节相连的周末。

什么病原体，于是她把感染组织的样本送到政府的实验室。政府的科学家把可能相关的病原体一一进行了检测。然而几周过去了，所有的检测结果都是阴性。

与此同时，纽约皇后区的医生发现了若干脑炎病例，数量之多令人担忧。通常，这种病在整个纽约市一年也只有9例，但1999年8月，仅仅皇后区一个周末就出现了8例。随着夏季过去，更多的病例出现了。有些病人因严重的发烧而瘫痪，到了9月初，已报告了9例死亡。起初，某些检测结果指向了一种名为圣路易斯脑炎的病毒性疾病，但后来的检测却没能重复这个结果。

一方面，医生们还在为人群中爆发的怪病焦头烂额，另一方面，麦克纳马拉自己先得到了问题的答案。位于艾奥瓦州的美国国家兽医服务实验室从她送来的动物园死去鸟类的组织样本中，成功培养出了病毒。这些病毒同圣路易斯脑炎病毒竟有些相似。麦克纳马拉怀疑，导致人和鸟类离奇死亡的，也许是同一种病原体。在她的劝说下，CDC终于开始着手分析病毒的遗传物质。9月22日，CDC的研究人员惊奇地发现，鸟类并非死于圣路易斯脑炎，真正的罪魁祸首是一种名为西尼罗河病毒的病原体。这种病毒不仅能感染鸟类，它的威力也波及亚洲、欧洲和非洲部分地区的人。没人能想到布朗克斯动物园的鸟竟然是死于西尼罗河病毒，因为此前它们在整个西半球的鸟类身上从来没有出现过。

与此同时，公共卫生工作者对莫名出现的人类脑炎病例仍然深感困惑，决定深入搜索。有两个研究小组（一个来自 CDC，另一个由当时还在加州大学欧文分校的伊恩·利普金率领）成功从感染人类的病毒里分离出遗传物质，并确认了病毒种类。让人丧命的竟然也是感染动物园鸟类的西尼罗河病毒。这个结果同样让科研人员始料未及，在南北美洲，从来没有人感染过这种病毒。

美国是许多种人类致病病毒的发源地。其中有些古已有之，也有些是新的病毒种类。大约 1.5 万年前，人类足迹抵达西半球，他们随身带去了很多病毒。例如人类乳头瘤病毒，这种病毒保留了其古老移民的痕迹。美洲原住民身上几种病毒株之间的亲缘关系，往往同世界其他地方的 HPV 病毒株更近。它们在西半球之外关系最紧密的亲戚是亚洲的 HPV 病毒株，无独有偶，美洲土著也与亚洲人亲缘关系最紧密。

当欧洲人来到新大陆，他们带来了第二波病毒。包括流感和天花在内的新疾席卷美洲大陆，夺去了数百万美洲原住民的生命。其后，更多新病毒源源不断地涌入。20世纪70年代，艾滋病毒传入美国，20世纪末，西尼罗河病毒也成为美国的新“移民”。

这距离人类首次发现西尼罗河病毒，只有短短60年。1937年，乌干达西尼罗河地区的一名妇女开始离奇发热。她来到医院，医生从她的血液中分离出了一种新病毒，并以发现地区命名。在接下来的几十年里，科学家在地中海东部沿岸、亚洲和澳大利亚的许多病人身上发现了同样的病毒。但他们也发现，这种西尼罗河病毒并不主要依靠人类生存，而是感染许多种鸟类，利用它们繁衍生息、大批增殖。

起初，人们并不清楚西尼罗河病毒是如何在人和人，鸟和鸟，或者鸟和人之间传播的。直到科学家在一种完全不同的物种中发现了病毒，才真相大白。这种神秘生物就是蚊子。当一只携带病毒的蚊子叮咬一只鸟时，会把它那像吸管一样的嘴插到鸟的皮肤之下。蚊子吸血时，也会把自己的唾液注射到创口里，同时就注入了西尼罗河病毒。

病毒最先攻击的是鸟的皮肤细胞，包括原本是帮助动物抵御疾病的免疫系统细胞。满载病毒的免疫细胞潜入淋巴结，释放出病毒“乘客”，让更多的免疫细胞遭受感染。这些免疫细胞从淋巴结扩散到血液和脾脏、肾脏等器官。从蚊子叮咬，到病毒在一只鸟的体内繁衍至数十亿，只需要短短几天时间。尽管扩增力惊人，但西尼罗河病毒单靠自己并不能从感染的鸟体内出逃。它们需要另一个载体的帮助来完成接下来的旅程——科学家称之为“媒介”(vector)。这时候就轮到蚊子登场了。蚊子从受到感染的鸟体内吸血，病毒随血液进入蚊子体内。接着病毒入侵蚊子的中肠细胞，再入侵它的唾液腺，随时准备注射到新的鸟体内。

像西尼罗河病毒这种需要中间媒介的虫媒病毒，都需要有一种特殊的左右逢源的能力来完成它们的生命周期——蚊子和鸟类是亲缘关系很远的生物，体温、免疫系统机制和解剖结构都截然不同，西尼罗河病毒需要在两种不同的环境中都能旺盛生长，才能完成它的生命周期。虫媒病毒也给医生和公共卫生工作者带来了新的挑战。这类病毒不需要人和人密切接触，就能在人群里传播。蚊子如同给病毒插上了翅膀。

对西尼罗河病毒基因的研究表明，它最初是从非洲演化出来的。鸟类从非洲向东半球的其他区域迁徙，也将病毒传播到新的鸟类物种身上，顺便还感染了人类：东欧地区开始爆发流行性脑炎。在 1996 年罗马尼亚的疫情大流行中，9 万人感染了西尼罗河病毒，17 人死亡。这些新的传染病先后在欧洲和西方世界流行，可能是因为这里的人群从来没有接触过病毒。而在非洲，人们在年轻时就感染过西尼罗河病毒，这给予了他们日后抵御病毒的免疫力。

长久以来新大陆一直免于西尼罗河病毒的袭击，人们对此感到非常意外。跨越大西洋和太平洋的人员流动，貌似都没能将病毒带到美洲。科学家还不能确切解释 1999 年西尼罗河病毒究竟如何最终登陆纽约，但他们已经掌握了一些线索。西尼罗河病毒在美洲的病毒株同 1998 年引起以色列鸟类流行病的病毒非常相似。有可能是宠物走私者把感染的宠物鸟从地中海东部沿岸地区带到纽约的。

仅凭一只被感染的鸟，是不可能引发全国性疫情的。病毒需要一个新的媒介来广泛传播。西尼罗河病毒的“好运”得来全不费功夫，它们能在美国 62 种蚊子体内存活，美洲大陆上生活的鸟也恰好给它们提供了栖息地。科学家在150种鸟类体内都发现了西尼罗河病毒。知更鸟、冠蓝鸦和家朱雀等少数几种鸟甚至还是特别好的宿主，病毒在其体内可以大量繁衍。

从鸟到蚊子再到鸟，西尼罗河病毒在短短4年内就在整个美国传播开来。感染鸟类的同时，病毒也在数百万人身上“登陆”，其中只有约25%的感染者会出现发热的症状。科学家估计，1999年至2013年，超过78万人感染了西尼罗河病毒，其中16196人发展成脑炎，1549例死亡。

西尼罗河病毒抵达美国之后，就进入了一个稳定的生命循环，而这个循环的节奏是由鸟类和蚊子的生命史来把控的。春天雏鸟降生，这些无助的小生命面对携带病毒的蚊子束手无策。整个夏天，感染病毒的鸟类数量持续攀升。新的蚊子通过吸这些鸟类的血而感染病毒，然后再去咬人。人们在一年中这几个相对温暖的月份往往更多待在户外，也就更容易遭到蚊子叮咬，从而感染西尼罗河病毒。

秋天气温下降，美国大部分地区的蚊子都死了，病毒也就不能继续扩散。如今人们还无法确切知道病毒是如何在没有昆虫寄主的情况下生存下来的。有可能它们暂时待在南方的蚊子体内，维持较低的种群数量苟且过冬。也有可能蚊子的卵感染了西尼罗河病毒，等来年春天卵孵化时，新的蚊子个体就已经武装好病毒，只等时机来到，再次进击。

西尼罗河病毒已经成功地融入了美国的生态环境，可能很难把它们斩尽杀绝。即使医生能研制出疫苗，让人类免于成为病毒的宿主，它们仍然能借助鸟类繁衍壮大。遗憾的是，目前还没有任何西尼罗河病毒疫苗获批，而且很可能永远都不会有。这是因为虽然病毒感染了很多人，但只有其中一小部分会发展出脑炎，因脑炎而死亡的人数就更少了。给美国人广泛接种疫苗的代价是极其昂贵的，远远超过救治那些感染者所需的费用。

如今，西尼罗河病毒的故事又由另一种病毒推出了新版。2013 年 12 月，一种名为基孔肯雅热（Chikungunya）病毒的新虫媒病毒在同处于美洲的加勒比海地区出现。此前，这种病毒一直只出现在东半球，它会导致痛苦的、类似关节炎的症状。没人知道基孔肯雅热病毒是如何进入美洲的——或许是通过感染病毒的旅行者，也有可能是通过飞机带过来的蚊子传播来的。有一条线索是科学家明确掌握的，那就是病毒的遗传物质。基孔肯雅热的加勒比海病毒株和中国及菲律宾的病毒株在基因层面几乎完全一样。不知道它们是怎么一下子跃过了半个地球的。

无论如何，病毒一跳跃到全新的地区，疫情立马就爆发了。来到美洲之后仅仅一年，基孔肯雅热病毒就感染了100多万人。到2014年底，它已经扩散到加勒比海地区的众多岛屿，给这些地区的医疗系统带来了巨大的压力。目前基孔肯雅热病毒还没有在北美或南美扩散开来。但这并不会让公共卫生专家放心：蚊子在整个大陆上繁衍生息，感染了病毒的蚊子能轻易把病毒传播给数百万人；另外，从加勒比海沿岸地区到美洲内陆地区的飞机和船只络绎不绝，病毒携带者会不断把病毒带到新的区域，让它们积累到能爆发新流行病只是时间早晚的问题。

抵达美洲后，西尼罗河病毒和其他虫媒病毒的发展前景甚为“乐观”。这是一片温暖潮湿的大陆。二氧化碳和其他温室气体让美国的平均温度不断爬升。气候科学家预测，未来几十年，这里的气温将继续上升，一些地区也将变得更加湿润，同时迎来更多暴风雨等极端天气。贝丝以色列女执事医疗中心的乔纳森·索伟罗（Jonathan Soverow）和同事对2001年至2005年发生的1.6万例西尼罗河病毒感染进行了回顾，同时关注了每次疫情爆发时的天气情况。他们发现，降雨量较大、湿度和温度较高时，疫情更容易爆发。温暖、多雨和闷热的天气让蚊子繁殖得更快，也使其繁殖季节加长。另一方面，这种天气还能加速蚊子体内病毒的生长。看来，西尼罗河病毒已经在这片新大陆安家，而我们的“努力”也在让这个家变得更为舒适。

9 预测下一场瘟疫

埃博拉病毒及更多类似的病毒

2013 年 12 月 2 日，在几内亚东南部的梅里安多村，一名 2 岁的男孩病倒了。这个名叫埃米尔·瓦穆诺（Emile Ouamouno）的孩子先是发烧，之后开始剧烈呕吐，伴有喷射状腹泻，便里还有血。整个梅里安多也没人见过类似的症状。他的家人竭尽全力照顾他，但到 12 月 6 日，孩子还是死了。杀死这个男孩的是一种病毒，他死去的时候，病毒的后代已经扩散到其他家庭成员身上。很快，埃米尔 4 岁的姐姐菲洛梅纳（Philoméne）出现了同样的症状并死去。之后是男孩的母亲和祖母。她们大概是通过我们能想到的最残酷的途径感染的——照顾那个垂死的男孩。

如果病毒就此止步，这个家庭悲剧很可能在梅里安多村之外不再为人所知。每天几内亚都有很多人死于病毒和其他病原体，但这种病毒完全不同。它极为致命，70% 的感染者最后都会丧生。瓦穆诺家的成员把病毒传染给了一名护士和村里的助产士，她们染病之后，助产士被带回她的家乡丹多彭波村，病毒通过照料她的家人进一步传播。同时，有人从别的村子来参加埃米尔·瓦穆诺祖母的葬礼，等他们回到自己的村庄，也跟着病倒了。

很快，疫情开始在全球蔓延。梅里安多村地处几内亚、塞拉利昂和利比里亚边境，人们经常会穿越国界做生意或看望家人。病毒在很短的时间内就在塞拉利昂和利比里亚爆发了。但由于病情仍集中在位于热带雨林中的偏远村庄，外界过于掉以轻心了。直到 2014 年 3 月，几内亚医疗部门才最终宣布他们确认了疫情的罪魁祸首：埃博拉病毒。

有些病毒是人类的宿敌。鼻病毒在几千年前就开始让古埃及人患上感冒，内源性逆转录病毒早在数千万年前就入侵了我们灵长类祖先的基因组。也有年轻的，艾滋病毒大约在距今一百年前才成为一种能感染人类的病毒。更有大量病毒刚刚开始在人和人之间传播，引发一波又一波新的疫情，唤起人类对新的全球流行病的担忧。但在所有这些新发现的病毒中，没有一种比埃博拉病毒更让人恐惧。

1976 年，埃博拉病毒登上历史舞台，首次亮相就展示了它恐怖的杀伤力。在扎伊尔[*]境内一片偏远的地区，人们开始发烧并呕吐。有的病人身上像口鼻等所有开孔都流血不止，甚至双眼也在出血。一位医生在救治一个垂死的修女时从她身上采集了血液样本，放到热水瓶里，后来医生把这份样本送到了扎伊尔首都金沙萨，一路又搭飞机带回比利时，交给了年轻的病毒学家彼得·皮奥（Peter Piot）。通过电子显微镜，皮奥观察到了一大群蛇形的病毒。

在当年，病毒学家只知道另一种蛇形的病毒，那就是危险的马尔堡病毒。马尔堡是一座德国城市，当地实验室一些工作人员处理了一批从乌干达进口的猴子，然后都患上了出血热。但皮奥确定自己看到的不是马尔堡病毒，而是另一种亲缘关系比较近的病毒。皮奥和他的同事意识到，出现在扎伊尔的致命疾病可能给人类带来非常大的灾难。科学家高度警觉起来，赶赴扎伊尔，并最终抵达扬布库村调查疫情最初的爆发情况。在这里有一间宾馆，一些修女和牧师躲在里面，门口拿绳子挡住来访者，绳子上还挂着

---

* 刚果民主共和国在 1971 年 10 月 27 日到 1997 年 5 月 17 日实行军事独裁期间的国名。

一块牌子，上写 :“请勿入内，进入可能导致死亡。”

皮奥和他的团队在当地展开他们的流行病学调查，以确定感染者和具体发病时间。不久，他们就查到了这个尚未定名的病毒的传播途径，原来，这种病毒会在人和人之间传播。没有证据表明这种病毒能像流感或麻疹病毒一样飘浮在空气中，实际上，它是借助受害者的体液传播的。当地一家医院曾经重复使用注射器，结果将病毒传播给了许多病人。照顾病人和给死者清洗身体的工作人员也都病了。

尽管埃博拉病毒极为致命，但它的传播也是比较容易切断的。皮奥和他的同事们关闭了医院，隔离了有症状的人，三个月后，疫情得到了控制；318 人在这场瘟疫中死亡。如果没有皮奥的及时干预，影响一定远远不止于此。他此次到访的最后一项工作，是给病毒命名。他不想让扬布库背负恶名，于是把目光投向附近的一条河流——埃博拉。

同年，埃博拉病毒出现在苏丹，夺走了 284 人的生命。3 年后它在苏丹卷土重来，造成 34 人死亡。然后它销声匿迹 15 年，1994 年又在加蓬发起了攻击，杀死了 52 人。每一次疫情爆发，都让皮奥的后继者们对埃博拉病毒的了解更进一步。人们逐渐认识到，只要追踪病人的行踪，并适当隔离，就能阻止新的感染。但他们还没找到合适的疫苗，也没有研发出相应的抗病毒药物。

很多病毒都能在条件适宜时突然爆发。但像麻疹或水痘这样的病毒，一旦发作，就不会从我们的身体中彻底消失。它只是低调地潜藏起来，不温不火地传播。埃博拉病毒却不一样，一场瘟疫平息下去，似乎埃博拉病毒就此消失，但几年后又会突然出现，重新发起疯狂的进攻。

一些病毒学家很好奇，埃博拉病毒消失的这些年，都藏到哪儿去了。科学家发现大猩猩和黑猩猩也会感染埃博拉病毒且死亡率很高，他们还在蝙蝠身上发现了埃博拉病毒的抗体，这种抗体似乎能帮助蝙蝠同病毒和平共处。或许，一般情况下埃博拉病毒会在蝙蝠个体间传播，但不对它们造成任何伤害。有些时候病毒则会突然打入人类内部。

关于埃博拉病毒，有一点很清楚：尽管我们对它们完全陌生，但它们的确是一种古老的病毒。演化生物学家在仓鼠和田鼠的基因组中发现了类似埃博拉病毒的基因。就像内源性逆转录病毒一样，这些埃博拉病毒的祖先感染了啮齿类动物，并在不经意间留下了可以追踪的 DNA 痕迹。仓鼠和田鼠在 1600 万年前有共同祖先，这意味着埃博拉病毒至少在这么久之前就同马尔堡病毒分道扬镳了。

也就是说，数百万年来，埃博拉病毒一直在各种哺乳动物宿主中传播。它们在某些物种中是无害的，有时会跳到其他物种，并在这些物种身上显示出致命的一面。人类是埃博拉病毒最新的攻击对象，被蝙蝠唾液污染的肉或水果可能携带病毒，人吃了这些被污染的食物就有可能感染。不管通过什么途径，埃博拉病毒一旦进入我们的身体，就能迅速入侵免疫细胞，导致严重的炎性反应。病人会猛烈腹泻、呕吐，有时还会大出血，直到失去生命。

埃博拉病毒从动物进入一个人的身体之后，它的命运取决于受害者周围人的行为。如果人们纷纷接触感染者，就会感染上埃博拉，并继续传播给更多人。在埃博拉病毒进入人类历史的最初 37 年中，病毒总是在新一轮疫情爆发后的几个月内，就随着宿主死亡或康复而自行消失殆尽。

但在这 37 年间，人类的生存环境发生了变化。1950 年，非洲人口仅为 2.21 亿，而今天这个数字已经超过 10 亿。过去埃博拉病毒的势力范围一般局限在邻近几个村庄，很难扩散到更大的范围。但如今，越来越多的道路把雨林切割开来，使人们迁移到更多的城镇，这样埃博拉病毒就能找到更多宿主。但在几内亚、利比里亚和塞拉利昂等国，公共卫生事业的发展远远没有跟上快速的城镇化。多年的内战和赤贫使这些国家的医院和医生都寥寥无几。埃博拉患者被送到医院，医护人员首先就会感染和死亡。这些国家抵御疫情所需的专业知识就更匮乏了。

没有人知道埃米尔·瓦穆诺是如何染上埃博拉病毒的，但是从他传播到他家人身上的病毒，又继续在更大的范围兴风作浪，引发了史上最大的埃博拉疫情，在这场瘟疫中死去的人，比之前所有在埃博拉疫情爆发中死去的人数还多。病毒接下来蔓延到了几内亚、塞拉利昂和利比里亚三个受灾国的首都——科纳克里、弗里敦和蒙罗维亚，几个月后，医院里再也塞不下更多埃博拉患者了，病人被拒之门外，或者被送回家等死。国际卫生机构正忙于应付流感和小儿麻痹症等其他疫情，低估了埃博拉疫情的程度，也没能为西非提供可能减缓疫情的帮助。西非国家的政府试图把受灾的城市和农村地区与其周边整个隔离开，但没起到太大作用。死亡人数飙升，先是1000人，接着2000人，然后数字继续增加。

飞机把埃博拉病毒带到了更远的地方。一位得病的外交官飞到尼日利亚，传染了给自己看病的医生和周围其他人；另一位护士把病毒带回西班牙。埃博拉还分别潜伏在两架飞机上“偷渡”到了美国的休斯顿和纽约。

在非洲以外的地方，人们对埃博拉知之甚少，他们的信息主要来自文学作品，比如科普作家理查德·普雷斯顿（Richard Preston）就曾在《血疫：埃博拉的故事》（*The Hot Zone*）一书中记录了恐怖的病毒袭击，《极度恐慌》（*Outbreak*）等电影中也虚构了很多关于病毒的情节。恐惧席卷美国，2014 年 10 月进行的一项民意调查显示，2/3 的美国人担心埃博拉疫情会波及美国，43% 的人担心他们个人有感染埃博拉的风险。谣言甚至说埃博拉病毒能在空气中传播。10 月 23 日，有消息称，一位在几内亚救治埃博拉患者的纽约医生回到美国后，埃博拉病毒检测呈阳性。而在他出现症状之前，他已经去过一家保龄球馆。担心的读者问《纽约时报》，保龄球能否传播病毒。记者小唐纳德·麦克尼尔（Donald McNeil Jr.）很快予以回应：“假如有人在保龄球上留下了血迹、呕吐物或者粪便，下一个接触保龄球的人连这些都没有发现，再用手接触自己的眼睛、鼻子或嘴巴，那就有可能传染。”这实际上是在委婉地表达，保龄球不可能传播病毒。

尽管民众如此恐慌，埃博拉病毒并没有在美国大规模爆发。其他地方也没有。尼日利亚使用了皮奥等人此前在其他疫情中使用的公共卫生措施，结果病毒在偃旗息鼓之前，只造成了20例感染和8例死亡。塞内加尔记录到一个病例，没有任何死亡。马里也成功地控制住了本国疫情。这些国家之所以能在同埃博拉的对抗中占据上风，是因为他们都得到了预警。相反，利比里亚、几内亚和塞拉利昂的疫情在大爆发前已经在默默扩散，因此在相当长的一段时间里都还持续遭受病毒的打击。在这三个国家，疫情已经扩大到无法轻易控制。

流行病学家们焦虑地看着感染数量飙升，他们试图预测疫情可能发展到什么程度。2014年9月，CDC警告说，如果没有额外的干预，到2015年1月，埃博拉病例将多达140万。

幸运的是，包括美国、中国和古巴在内的一些国家开始向非洲国家派遣医生和物资，专门针对埃博拉的医院也陆续兴建起来。公共卫生工作者也鼓励人们用更安全的方式埋葬埃博拉患者，从而避免自己也感染致死。虽然防御行动开展得比较迟，措施也比较温吞，但到 2014 年 11 月底，终于出现了转机：利比里亚和几内亚的新病例开始下降。次年，疫情迅速和缓。

埃博拉疫情虽然暂时结束了，但不会永远消失。2014 年 9 月，牛津大学的生态学家和流行病学家联合发表了一份研究结果，对未来埃博拉再次爆发的地点进行了详细的预测。他们考虑了能携带病毒的众多动物种类，以及与这些动物的活动范围重叠的人类聚居区（这样的聚居区在不断增加）。潜在的疫区密密麻麻地横亘非洲中部，在坦桑尼亚、莫桑比克甚至马达加斯加，也形成了孤立的风险岛屿。在他们的预测中，总共有 2200 万人生活在埃博拉风险地带。尽管这 2200 万人中实际有人被动物传染埃博拉病毒的几率很低，但一旦发生传染，危险将是巨大的。而且随着非洲人口的增长，危险会变得更大。

威胁人类的还不止埃博拉病毒一种。自从人们首次发现埃博拉病毒（1976 年）以来，其他病毒也纷纷登场，它们从截然不同的地方冒出来，彼此可能相距数千英里。例如，2002 年 11 月，一位中国农民因发高烧来到医院，不久就去世了。接着，同一地区的人相继出现了同样的病情，但这时候，疫情都没有得到世界范围的关注，直到疾病传染了一位美国人。这个人去中国做生意，在从中国飞回新加坡的飞机上突然开始发热，飞机在河内停了下来，这位商人再也没能活着离开那里。尽管大多数病例仍然集中在中国内地和香港，但世界各地的人都开始生病。这种病的死亡率高达10%，而且夺人性命通常只消几天。这场流行病在医学史上是全新的，它需要一个新的名字。医生称它为严重急性呼吸系统综合征或SARS。

科学家从SARS患者的样本中寻找病因。香港大学教授裴伟士（Malik Peiris）领导的研究小组率先取得了进展。他们对50名SARS患者进行了研究，在其中2人身上发现了旺盛生长的病毒。病毒属于冠状病毒类群，这个类群包括导致感冒和病毒性胃炎（stomach flu）的病毒。裴伟士和他的同事们对新病毒的遗传物质进行了测序，然后在其他病人身上寻找相匹配的基因，结果在另外45个人体内都找到了相应的基因。

基于过往对艾滋病毒和埃博拉病毒积累的经验，科学家怀疑SARS病毒也是从原先感染其他动物的病毒演变而来的。于是他们着手分析了中国人经常接触的动物身上的病毒。每当发现一种新病毒，他们就在SARS演化树上添加相应分支。几个月后，科学家终于重构了SARS的历史。

这种病毒可能起源于中国的蝙蝠，其中的一株扩散到一种长得酷似猫咪的哺乳动物，果子狸。在中国的动物市场上，果子狸是较为常见的。人类可能在买卖果子狸的过程中成为了宿主。事实证明，这种病毒的生物学特性恰好让它们适于在人和人之间传播，而与埃博拉病毒不同，SARS病毒能附着在细小的气溶胶颗粒上在空气中传播。

尽管SARS疫情已经扩散到亚洲以外，但幸运的是，阻止埃博拉早期流行的公共卫生措施，也成功制服了SARS，这一场肆虐，8000人被传染，900人死亡。与之相比，流感每年大概会导致25万人死亡——可以说，我们成功躲过了SARS朝人类射出的一颗子弹。

十年后，沙特阿拉伯又出现了另一种冠状病毒。2012年，沙特的医生注意到，一些病人患上了病因不明的呼吸系统疾病，其中近1/3因病去世。这种疾病被称为MERS，是“中东呼吸综合征”的简称。病毒学家从患者体内分离出致病的病毒，并对MERS病毒的基因进行研究。他们拿这些基因在其他物种中寻找类似的片段，很快人们的目光就锁定在了非洲的蝙蝠身上。

不过，非洲蝙蝠如何成为中东呼吸综合征疫情的导火索，还让人匪夷所思。直到科学家对中东地区的人赖以生存的一种哺乳动物——骆驼进行了研究，重要的新线索才开始出现。他们发现，骆驼身上普遍携带MERS病毒。病毒又通过骆驼鼻子分泌物源源不断地释放出来。对MERS起源的一个较为合理的解释是，蝙蝠可能将病毒传染给北非的骆驼。北非到中东的骆驼贸易频繁开展，一只生病的骆驼可能把病毒带到了它的新家。

科学家又重构了MERS的传播史，并有充分理由担心，一旦MERS爆发，疫情可能比SARS还要可怕。每年超过200万穆斯林前往沙特阿拉伯进行一年一度的麦加朝觐活动。不难想象，MERS病毒会在密集的人群中迅速传播，然后和朝圣者一起前往位于世界各地的家园。所幸到目前为止，科学家的担心还没有成为事实。截至2015年2月，1026人被诊断为感染了MERS，其中376人死亡。几乎所有病例都发生在沙特阿拉伯，尤其集中在医院，可能MERS最擅长的还是攻击免疫系统因病削弱的人。除非MERS再发生剧烈的演化，否则它可能永远只是中东医院内部一个危险却罕见的威胁。

如果疫情并不总是来得这么意外（如果我们能对这些紧急情况做出预警），我们就能做好更充足的准备，不至于措手不及。然而下次再有某种病毒从野生动物身上转移到人类身体内，很可能还会引发大规模疫情，而我们完全可能对致病病毒一无所知。为了弥补这些认知的漏洞，科学家正在开展更多的动物研究，从它们体内寻找病毒的遗传物质。但我们生活在一个名副其实的“病毒星球”上，科学家的工作量是巨大的。伊恩·利普金和他哥伦比亚大学的同事在纽约捕获了 133 只大鼠，并在这些大鼠身上发现了 18 种与人类病原体亲缘关系很近的新病毒。在孟加拉国开展的另一项研究中，他们在一种名为印度狐蝠的蝙蝠身上进行了彻底的病毒搜查，鉴定出 55 种病毒，其中 50 个都是前所未见的。

在这些新发现的病毒里，我们不知道哪些会造成瘟疫，甚至有可能这些新病毒都不会对人类社会造成威胁。但这并不意味着我们可以直接无视它们的存在。相反，我们恰恰需要保持警惕，这样才能在它们有机会进入我们这个物种之前就采取措施，阻止它们的脚步。

10 漫长的告别

旷日持久的天花围剿

人类擅长意外地制造新病毒——有时候在养猪场就能调制出一款新型流感病毒，屠宰黑猩猩的过程也催生了艾滋病毒。然而我们却不擅长清除病毒。尽管有疫苗、抗病毒药物和公共卫生策略的联合夹击，病毒仍然能狡猾逃脱。对于人类来说，比较可控的是减少病毒造成的危害。例如，艾滋病在美国的感染数量已经下降，但每年仍有 5 万例新感染。缜密的疫苗接种计划已经在一些国家让一些病毒销声匿迹，但它们仍然能在世界上其他的角落旺盛繁衍。事实上，现代医学还真的曾经从自然界中完全消灭了一种人类病毒，它就是导致天花的病毒。

这真是人类一大壮举。在过去的 3000 年里，天花可能比地球上任何其他疾病杀死的人都多。古代医生就知道天花，因为它症状清晰，与众不同。病毒通过进攻呼吸道感染受害者。大约一周后，感染引起寒颤、发烧和难忍的疼痛。发烧几天后就消退，但病毒远未罢手。病人先是口腔中出现红斑，然后扩散到脸上，最后蔓延到全身。斑点里充满了脓液，给人带来难以忍受的刺痛。大约 1/3 的天花患者会丧命。哪怕幸存下来，脓疱也会覆上厚痂，在病人身上留下永不消褪的深疤。

大约 3500 年前，天花在人类社会第一次留下可追溯的痕迹：人们发现了三具古埃及木乃伊，身上布满了脓疱留下的伤疤。包括中国、印度和古希腊在内的其他许多古代文明中心，也都领教了这种病毒的威力。公元前 430 年，一场天花疫情席卷雅典，杀死了 1/4 的雅典军人和城市中大量普通人。中世纪，十字军从中东归来，也把天花带回了欧洲。每次病毒抵达一个新的地区，当地人对病毒都几乎毫无招架之力，病毒的影响也是毁灭性的。1241 年，天花首次登陆冰岛，迅速杀死了 2 万人，要知道当时整座岛屿也只有 7 万居民。城市化的进程给病毒传播提供了捷径，天花在亚欧非大陆如鱼得水。1400—1800 年，仅在欧洲，每百年就有大约 5 亿人死于天花，受害者不乏俄罗斯沙皇彼得二世、英国女王玛丽二世及奥地利的约瑟夫一世等君王。

后来，哥伦布到达新大陆，也让美洲原住民第一次接触到了天花病毒。结果这些欧洲人无意中随身携带的“生物武器”，让入侵者在对抗中占了上风。美国土著对天花毫无免疫力，在感染病毒后大批大批地死去。15 世纪初西班牙征服者抵达中美洲后的几十年里，超过 90% 的土著死于天花。

世界上第一种有效预防天花传播的方法可能出现在公元 900 年的中国。医生会从天花患者的伤疤上蹭一下，然后摩擦到健康人皮肤上的切口里（有时他们也把伤疤做成可以吸入的粉末,来给健康人接种）。这种过程称为“人痘”接种，通常只会在接种者的手臂上形成一个小脓疱。脓疱脱落后，接种者就对天花免疫了。

至少这是个办法。通常情况下，接种人痘会引发脓疱，接种有 2% 的死亡率。然而，2% 的风险也比感染天花之后 30% 的死亡率强多了。人痘接种预防天花的方法沿着贸易交流的丝绸之路向西传播，17 世纪初传入了君士坦丁堡。免疫成功的消息又从君士坦丁堡传到欧洲，欧洲医生也开始练习人痘接种。然而这种做法在欧洲却引起了宗教势力的反对，他们认为只有上帝才能决定谁能在可怕的天花中幸存下来。为了消除民间的疑虑，医生组织了公开实验。1721 年，波士顿医生扎布迪尔·博伊尔斯顿（Zabdiel Boylston）在天花流行期间公开给几百人进行人痘接种。结果一场天花流行过后，接种者比没有参加实验的人存活率更高。

当时，自然没有人知道人痘接种为什么有效，因为还没人知道什么是病毒，也没人知道我们的免疫系统是如何对抗病毒的。天花的治疗手段在不断的试验和试错中完善。18 世纪末，英国医生爱德华·詹纳（Edward Jenner）终于发明了一种更安全的天花疫苗。这个伟大的发明源于他听说的一系列民间故事。有几次詹纳医生都听说，农场的挤牛奶女工从来不会得天花，他想，牛会感染牛痘，而牛痘的表现和天花很像，会不会是牛痘给挤牛奶的人提供了保护呢？他从一个叫莎拉·内尔姆斯（Sarah Nelmes）的挤牛奶女工手上取出脓液，接种到一个男孩的胳膊里。这个男孩长出了几个小脓疱，除此之外没有任何症状。6 个星期后，詹纳又用人痘对男孩进行了测试——换句话说，他让男孩暴露在真正的人类天花面前。结果完全没有新的脓疱长出来。

在一本印刷于 1798 年的小册子里，詹纳发表了这种崭新且更为安全的天花预防方法。詹纳把他发明的方法称为“种痘”（vaccination），这个名字来源于拉丁语的“牛痘”（Variolae vaccinae）。此后 3 年内，英国有逾 10 万人进行了牛痘接种，种牛痘的技术进而又在世界各地传播开来。在接下来的几年，其他科学家让詹纳的技术继续发扬光大，他们用同样的方法又发明出了对抗其他病毒的疫苗。挤奶女工的传说，终于化作一场医学革命。

疫苗（vaccine）这个概念得到了广泛认可，医学界开始努力跟上人们对疫苗的需求。起初他们从已经免疫的人的胳膊上取一些伤疤组织，依次注射到没免疫的人身上。但由于牛痘只发生在欧洲，世界其他地区的人不太能自发感染牛痘。1803 年，西班牙国王卡洛斯提出了一个非常激进的解决方案：他组织了一支免疫先锋队，向美洲和亚洲进发。20 个孤儿在西班牙登船，其中一名孤儿在船启航之前接受了免疫。8 天后，这个孤儿长出脓疱，然后结了痂。他身上的痂被用来感染下一个孩子，然后下一个孩子病愈结痂，再继续感染下面的孩子。航程中，船在港口依次停靠，每到一处，免疫先锋队就充当了人肉疫苗的角色，下船给当地居民接种。

整个 19 世纪，医生们一直专注于寻找更好的天花疫苗。一些人把小牛当成“疫苗工厂”，让它们反复感染牛痘。一些人尝试用甘油等液体保存病人的伤疤。直到科学家发现天花实际上是病毒引起的，疫苗才终于可以工业化生产，运送到更广大的范围造福更多的人。

随着疫苗的普及，天花不断丢失它们的城池。20 世纪初，一个又一个国家报告了他们最后一例天花。1959 年，天花病毒已经从欧洲、苏联和北美洲全面溃退，只在一些医疗力量相对薄弱的热带国家发挥余威。但既然天花已经被逼到只剩最后一口气，公共卫生领域的科学家开始谋划一个大胆的目标：从地球上彻底消灭天花。

对这个提议的倡导者来说，病毒的生物学特性给了他们很大的信心。天花只感染人类，不感染其他动物。只要能系统地除掉所有人类身上的天花病毒，战役就大功告成，完全不用担心病毒潜伏在猪或鸭子身上，回头再来感染我们。此外，天花是一种症状很明显的疾病。不像 HIV 这种病毒，受害者可能携带了几年也毫不知情，天花感染的症状会在几天内显现出来。这样，公共卫生工作者就能很准确地识别疫情并跟踪疫情的发展。

然而，彻底消灭天花的提议也遭到了特别多的质疑。哪怕一切严格按计划进行，这样的项目也需要数千名训练有素的工作人员多年全力以赴才可能达成，而且这些专业人员必须在全世界范围展开行动，包括在许多偏远甚至危险的地方艰苦奋斗。而在此之前，公共卫生工作者已经为根除包括疟疾在内的疾病做过很多努力，都以失败告终。

然而，经过激烈的争论，持怀疑意见的一派还是败下阵来。WHO 于 1965 年启动了加强根除天花规划。这次行动不同于以往，工作人员使用了一种新型的分叉针注射器，相比从前使用的普通注射器，这种新型注射器能更高效地把天花疫苗注射到人体内。因此，有限的疫苗就能持续供应更长的时间。公共卫生工作者还设计了更好的疫苗管理策略。不过，为整个国家所有人接种疫苗还是超出了根除天花规划的能力范畴。因此，公共卫生工作者采取的办法是及时发现疫情并迅速“剿灭”。他们会第一时间把受害者隔离起来，然后给周围村庄和城镇的人接种疫苗。天花本像一场森林火灾，但很快碰到针对性免疫的“防火屏障”，火势就被控制了下来。

疫情不断爆发出来，又一次次被击退，直到 1977 年，埃塞俄比亚记录了世界上最后一例天花。*整个世界彻底告别了天花。

对抗天花的战役胜利了，这证明了至少某些病原体可以被彻底消灭。随后，人们又相继开展了其他几项消灭流行病的运动，但迄今为止也只有另一种病毒被成功根除，那就是牛瘟病毒。几个世纪以来，牛瘟病毒一直困扰着奶牛场和牧场的农民。一次疫情爆发，足以让牛群“全军覆没”。20 世纪以来，兽医们对牛瘟先后展开过几次大型的消灭行动，但因为每次都不够彻底，病毒虽然被暂时打压下去，之后总是再次反攻。

20 世纪 80 年代，牛瘟病毒专家对他们从前打击病毒的行动进行了反思，并开始谋划一场歼灭战。1990 年，疫苗专家开发出一种廉价且化学性质较为稳定的牛瘟疫苗，甚至在不借助任何交通工具的情况下徒步送到最偏远的游

---

* 根据 WHO 记录（https://www.who.int/csr/disease/smallpox/faq/en/），世界最后一例自然天花发生在 1977 年的索马里。

牧部落，也不会失效。1994 年，联合国粮食及农业组织（FAO）就借助这种新疫苗发起了全球根除规划。他们从社区工作人员那里收集有关病牛的信息，并在需要的地方分发疫苗，以防止病牛传染更多动物。

牛瘟在一个个国家相继消失。但是局部发生的战争还是会打断对抗病毒的运动，病毒就会趁机重返曾经的领土。“牛瘟是最有可能根除的一种疾病。但为什么至今也没能成功？”对抗病毒行动的负责人戈登·斯科特爵士（Sir Gordon Scott）在 1998 年的一篇论文中问道。“主要的障碍来自‘人对人的不人道行为’，”他总结道：“牛瘟在武装冲突以及逃亡的难民群体中茁壮成长。”

事实证明，斯科特也过于悲观了。2001 年，也就是他做出预测仅仅 3 年后，兽医们记录下最后一例牛瘟——这是肯尼亚梅鲁国家公园的一头非洲野水牛。FAO 又等了 10 年，期间没有任何其他动物再次感染。终于，在 2011 年，他们正式宣布，牛瘟病毒已经从地球上消失。

其他消灭流行病的运动，也取得了鼓舞人心的进展，很多战役接近胜利，只欠临门一脚。例如，脊髓灰质炎曾经严重威胁着全球儿童的健康，数百万儿童因此瘫痪或终身依赖“铁肺”。多年的努力，已经让疾病从世界上大多数地区消失。1988 年，每天有 1000 人患上脊髓灰质炎，但到了 2014 年，这个数字减少到每年仅有 1 人。1988 年，脊髓灰质炎在全世界 125 个国家流行。2014 年，只有 3 个国家还能找到它的踪影，这 3 个国家是阿富汗、尼日利亚和巴基斯坦。

在这三个国家，由于战争和贫困的双重阻挠，脊髓灰质炎还在苟延残喘。如今，巴基斯坦的疫苗运动又遭遇了新的挑战，塔利班觉得疫苗运动给他们带来了威胁，开始有计划地暗杀疫苗工作者。巴基斯坦原本已经把脊髓灰质炎的发病率从之前的每年 2500~3200 例降低到了 2005 年的 28 例。但随后，这一数字又开始上升，2013 年达到 93 例，2014 年跃升至 327 例。甚至从前已经宣告消灭了脊髓灰质炎的叙利亚、以色列、索马里和伊拉克等国，也重新出现了脊髓灰质炎病例，2014 年 WHO 也发表了关于脊髓灰质炎公共卫生紧急状况的通告。

在消灭病毒的行动中，人类发现，病毒能在各种极端条件下蛰伏，伺机卷土重来。20 世纪末，公共卫生工作者们在全世界追剿天花病毒，科学家也在实验室里尝试培养天花病毒，以便更好地研究病毒的本质。1980年，WHO正式宣布人类已经消灭天花，此时实验室里仍然储备着病毒。一旦有人不小心把病毒释放出来，局面就会再次反转。

WHO决定，所有实验室库存的天花病毒最终必须销毁。在完全销毁之前，科学家仍然能对病毒进行研究，但必须严格遵循WHO的规定。研究天花的科学家要么毁掉全部病毒，要么把它们送到世卫组织批准的实验室，这样的实验室全世界只有两个，其中一个位于苏联西伯利亚地区的诺沃西比尔斯克（如今俄罗斯的新西伯利亚），另一个是位于美国佐治亚州亚特兰大的CDC。在此之后三十年，天花研究在WHO的密切关注下继续进行。科学家对实验室动物进行了基因改造，让它们也能感染人的天花病毒，这样就能更方便地研究病毒的生物学性质。科学家分析了天花病毒的基因组，研究出更好的疫苗，还开发出有望治疗天花的药物。这段时间内，WHO也在讨论什么时候应该彻底销毁天花病毒。

一些专家认为根本不该继续等待，只要天花病毒还存在，不管控制得多么严密，都有外泄并造成百万人死亡的可能。恐怖分子甚至可能试图把天花病毒做成生物武器。

更糟糕的是，人们现在已经不再接种天花疫苗了，所以人类对这种病毒的免疫力实际上正在减弱。

但也有的科学家坚称要保存天花病毒。他们指出，根除天花运动实际上可能并没有完全成功。20 世纪 90 年代，一些国家的叛逃者透露说，他们从前的政府建立了实验室，专门生产天花病毒武器，这种武器可以被装在导弹上，发射到敌军阵营。冷战结束后，那些生物武器实验室被遗弃了。没人知道研究中使用的天花病毒的最终下落。一种令人胆寒的可能是，昔日政府雇佣的病毒学家把天花病毒卖给了其他政府甚至恐怖组织。

2014 年的一件事让人们意识到，让病毒失控甚至都不需要什么生物武器。美国马里兰州国家卫生研究院的科学家在打包一间实验室的物品时，发现了六只旧的小瓶子。这些瓶子是 20 世纪 50 年代的遗留，里面装着天花病毒。在 WHO 的天花清扫中，它们显然被忽视了，尽管它们藏匿的地方是世界上领先的医学研究中心之一。

反对完全清除天花病毒的人认为，无论新一轮疫情爆发的风险有多小，风险毕竟还是存在的，因此就有必要对天花病毒进行更多研究。毕竟关于病毒我们未知的太多了。

天花只会感染人类这一个物种，但近源的痘病毒属成员则能同时感染好几个物种。没人知道天花病毒究竟为什么这么特殊。如果天花在未来几年内再次爆发，快速诊断可以挽救数不清的生命。但目前的诊断基于过时的技术。为了研发更先进的方法，科学家得有样本来测试，最起码得能准确区分天花病毒和其他痘病毒属的成员，而这只有用活的天花病毒才能实现。同样，科学家也可以利用病毒来开发更好的疫苗和抗病毒药物。

关于天花的争论最终并没有达成一个明确的结论，人们只是达成共识，在未来有必要的情况下再继续讨论。但尽管两派意见仍然相持不下，科技的进步却完全改变了辩论的内容。

20 世纪 70 年代，科学家首次发明了对生物体中的遗传物质进行测序的方法。DNA 是一种双链结构，每一条链都是由一系列的碱基排列而成，而 RNA 则是一条单链。基因中有 4 种不同的碱基。你可以把基因理解为一种语言，这种语言不是由 26 个字母，而由 4 个字母组成。人类细胞中的所有 DNA（也就是人类基因组）加起来一共是 32 亿个碱基对。如果每个碱基对都用一个字母代表，那么整个人类基因组这本巨著的长度是《战争与和平》的1000倍。初期DNA测序采用的方法非常耗时，而且结果不是很可靠，因此科学家用地球上最小的基因组做最初的测序尝试，他们选择的目标就是病毒。1976年，科学家正式发表了MS2噬菌体的基因组，这个基因组仅有3569个碱基对。

在接下来的几年里，科学家陆续发表了其他病毒的基因组数据，包括在1993年发表的天花病毒基因组数据。通过和其他病毒基因组的对比，科学家获得了天花病毒蛋白质运作机制的线索。研究人员又对来自世界不同地区的天花病毒株的基因组进行了测序，发现这些基因组之间几乎没有差异，这个信息非常重要，为未来迎战新的天花爆发提供了非常重要的线索。

基因测序技术又启发了另一项意义重大的研究领域：科学家从零开始利用碱基合成基因。最初组装的只是一小段遗传物质。但就是在这时，纽约州立大学石溪分校病毒学家埃卡德·维默尔（Eckard Wimmer）已经意识到，病毒的基因组就恰好是一段足够小的DNA，完全可以人为合成。2002年，他和他的同事们参照脊髓灰质炎病毒的基因组，合成了数千段更短一点的DNA片段。然后他们用酶把这些 DNA 片段连接在一起，再用最终合成的 DNA 分子作为模板，制造出了相应的 RNA 分子。这样，一个脊髓灰质炎病毒基因组的完整副本就真实地呈现在了人们眼前。维默尔和他的同事们把这段 RNA 放到装满碱基和酶的试管里，新的脊髓灰质炎病毒就自动开始组装。换句话说，他们从零开始制造出了脊髓灰质炎病毒。

天花病毒是整个病毒家族里的巨无霸，它们的身材是脊髓灰质炎病毒的 25 倍。这么大的尺寸对于从头合成来说是巨大的挑战。但可以想象，如果给予足够长的时间，一个训练有素的大型实验室终将可以成功。目前还没有证据表明有人真的试图用维默尔的方法复活天花病毒，但同时，也没有证据表明这是不能实现的。在经历了对天花长达 3500 年的苦难和困惑之后，我们终于开始对它有了一些了解，并终于能阻止它对人类的破坏。通过研究天花我们更加确信，它对人类的威胁不可能被彻底抹除。我们对病毒日益增长的知识，在某种意义上让天花能够永生。

尾声 冷却塔中的“外来客”

巨型病毒及生命的定义

地球上有水的地方就有生命——不管这些水存在于黄石公园的间歇泉，水晶洞里的小水洼，还是医院屋顶上的冷却塔中。

1992 年，一位名叫蒂莫西·罗博特姆（Timothy Rowbotham）的微生物学家从英国布拉德福德的一座医院冷却塔中取了一些水，把它放在显微镜下。展现在他眼前的是一派生机盎然——有和人类细胞差不多大小的变形虫及单细胞原生动物，还有它们体积 1/100 大小的细菌。当时，罗博特姆正在寻找布拉德福德市爆发肺炎的原因。在冷却塔水里游走的众多微生物中，他认为最大的疑凶是一种存在于变形虫内部、细菌大小的球形生物。罗博特姆认为自己发现了一种新细菌，将其命名为布拉德福德球菌。

罗博特姆花了很多年的时间深入研究布拉德福德球

菌，想看看它是否真是肺炎爆发的罪魁祸首。罗博特姆用其他细菌物种的已知DNA片段在布拉德福德球菌基因组中寻找相匹配的片段，结果一无所获。1998年，罗博特姆的研究走到了尽头，由于预算削减，他被迫关闭了实验室。但这位科学家不想让自己的研究前功尽弃，于是安排了法国的同行替他保存疑点重重的布拉德福德球菌样品。

很多年过去，布拉德福德球菌似乎就将这样沉寂下去，直到法国艾克斯–马赛大学的贝尔纳德·拉斯科拉（Bernard La Scola）决定再看它一眼。他把罗博特姆的样本放到了显微镜下，一眼看去，立马意识到有什么东西不对劲。

布拉德福德球菌没有细菌那种常见的光滑表面。相反，它看起来像个足球，由许多小平面镶嵌在一起。在这个几何形状拼成的外壳表面，还能看到一些细长的蛋白质像细毛一样伸展出来。自然界中唯一已知有这种外壳和表面细毛结构的就是病毒。但和当时所有的微生物学家一样，拉斯科拉也知道布拉德福德球菌的大小不对，它们看上去比病毒大100倍。

尽管如此，布拉德福德球菌确实是病毒。随着研究的深入，拉斯科拉和他的同事发现，这种新病毒会入侵变形虫，迫使变形虫帮它们复制出无数新个体。只有病毒才是用这种方式繁殖的。旧名字显然是误导的，于是，拉斯科拉和他的同事给布拉德福德球菌取了一个新名字——拟菌病毒（mimivirus，“米米病毒”），用来表示这种病毒和细菌有很多相似性。

法国科学家率先着手分析拟菌病毒的基因。罗博特姆也曾经尝试过在拟菌病毒的基因组里寻找和其他细菌基因相匹配的片段，但一无所获。法国科学家的运气就好多了，他们在拟菌病毒中发现了很多的病毒基因。在此之前，科学家已经习惯从每种病毒中只找到几个基因。但拟菌病毒足有 1018 个病毒基因，看起来就好像有人把流感、普通感冒、天花和其他一百种病毒的基因组都塞进了同一个蛋白质外壳里。拟菌病毒的基因甚至比某些细菌的基因还多。在体型和基因数量上，拟菌病毒都打破了病毒的基本规则。

2003 年，拉斯科拉和他的同事们正式发表了关于神奇的拟菌病毒的各种研究细节。但他们仍然很好奇，这种病毒在自然界中是独一无二的吗？我们身边会不会也藏着其他巨型病毒？他们从法国本地冷却塔里也取了一些水，在水里加入变形虫，想看看水里有没有什么东西能感染这些变形虫。很快，变形虫就涨破了，释放出一些个头巨大的病毒，但它们并不是拟菌病毒，而是一种拥有 1059 个基因的新种，创造了病毒基因组数量的新纪录。虽然新病毒从外表看起来很像拟菌病毒，但二者在基因层面相去甚远。科学家把新病毒和拟菌病毒的基因组进行比对，发现其中有 833 个基因能很好地匹配，另外 226 个是新病毒独有的。科学家认为这么大的差异足以让新病毒单独划为一种，而且它也应该有个名字，就叫妈妈病毒（mamavirus）吧。

其他研究人员也加入了寻找巨型病毒的行列。不久，成果相继诞生，河流、海洋甚至南极冰层所掩盖的湖泊中，人们都发现了巨型病毒的身影。2014 年，法国研究人员解冻了冻结三万年之久的西伯利亚冻土，在其中也发现了巨型病毒——这些病毒足有 1.5 微米长，是目前发现的最大的巨型病毒。

科学家甚至在动物体内也发现了潜伏的巨型病毒。拉斯科拉与他的同事们和巴西科学家一起开展了一项合作研究，他们从许多哺乳动物身上取了血清样本，在其中的猴子和牛身上发现了巨型病毒抗体。研究人员甚至还从人体内分离出巨型病毒，他们的样本还有一份取自一名肺炎患者。然而目前科学家还不清楚巨型病毒在我们的身体中究竟扮演什么角色，对我们的健康有什么影响。它们可能会直接感染人体细胞，也可能只是潜伏在我们身体内的变形虫里，对人不造成任何危害。

巨型病毒的故事让我们认识到，人类对这个充满病毒的生物圈的了解有多么匮乏。大概一百多年前人类发现了病毒，从那时起人们就一直在争论病毒对于生命到底意味着什么，巨型病毒的发现无疑给这个长久的争论注入了新的话题。

在发现病毒之前，科学家对生命其实有一个基本统一的定义。生命体能通过自身的新陈代谢来生存、生长和繁殖。而其他非生命形态，比如天上的云或者一块水晶，可能从某种角度考虑也有生命，但综合来说，它们都没有达到生命体的这些标准。

1935 年，温德尔 · 斯坦利首次得到了烟草花叶病毒的结晶，完美打破了生命和非生命的界限。这些病毒凝结成晶体之后，从各方面看都像一块冰或者钻石，但当你把这些病毒放在烟草上，它们立马开始增殖，就像其他生命体一样。

随着病毒分子生物学研究的聚焦，许多科学家倾向认为病毒只是类似生物的一种存在形式，而并不是一种真正的生命体。科学家研究的所有病毒都只携带很少的几个基因。因此病毒和细菌之间还存在巨大的遗传鸿沟，足以把这两个类群清晰地区分开来。然而，这么少的基因已经可以让病毒具有最基本的增殖能力，包括入侵细胞，把自己的基因插入细胞原本的“生化工厂”等等。病毒缺失了作为一个完整生命所需要的另一些重要基因，比如，它们没有制造核糖体的指令（核糖体是依据 RNA 合成蛋白质的分子工厂），也没有分解食物的酶的编码基因——病毒缺乏的似乎恰恰是真正的生命体所需的遗传信息。

但理论上来说病毒完全可能获得这些遗传信息，成为真正的生命体，毕竟它们又不是一成不变的。随时随地发生的突变很可能意外复制已有基因，并在此基础上造出新的功能；一种病毒也可能从另一种病毒甚至从宿主细胞中获取新基因。可以想象，有很多方式能让病毒的基因组丰富起来，直到能自主进食、生长，最后借助自己的力量分裂增殖。

这样的演化路径对病毒来说并非难事，但科学家却看到了挡在这条演化之路上的巨大绊脚石。拥有庞大基因组的生物都需要一些机制来保证复制是精确控制的，随着基因组增大，积累危险突变的几率也随之增加。人类细胞中有一类酶，专门对复制中的DNA进行纠错，这种纠错机制可以保护我们巨大的基因组能比较稳定地复制，其他生物，包括动物、植物、真菌、原生动物和细菌都是如此。而病毒则没有专门修复DNA错误的酶。因此，它们在复制中产生错误的速度也比我们快得多，在某些情况下，甚至比我们快上千倍。

这么高的变异速度可能正成为了基因组大小的限制因素。基因组没法扩大，病毒也就没办法成为真正意义上的生命体了。因为假如基因组变大了，病毒就比人更可能产生致命突变。因此，是自然选择成就了病毒的微型基因组。如果这种假说成立，在病毒有限的基因容量里，已经装不下那些负责从原材料合成新基因和蛋白质的基因了。因此病毒不能生长，不能主动排出废物，不能抵御炎热和寒冷，也不能通过分裂而增殖。

最后，量变积累成质变，所有的不利积累成一个大大的“不行”——病毒始终是没有生命的。

微生物学家安德烈·利沃夫（André Lwoff）曾在1967年的诺贝尔奖领奖辞里宣称："生物是由细胞构成的。"病毒显然不是细胞，从前人们认为病毒只不过是一些游离的遗传物质，因为恰好也组合了一些合适的化学成分，因而能在细胞内自我复制。2000年，国际病毒分类委员会也正式表态支持这个说法，他们宣称："病毒不是活的生物。"

但没过多少年，病毒学家就纷纷对这种陈述提出质疑，其中也不乏公开反对者。新发现层出不穷，很多旧的规则不再适用。比如，很长时间以来人们一直无视巨型病毒的存在，部分原因是它们太大了，比大多数已知病毒都起码大一百倍。它们的基因也数量庞大，完全不符合之前病毒的定义。科学家并不知道巨型病毒要这么大的基因组到底有什么用，有人猜测这些基因能行使不少生物的功能，例如巨型病毒的基因编码了一些酶，能起到修复DNA的功能。这样，当它们从一个宿主细胞转移到另一个宿主细胞时，如果发生了基因层面的损伤，就可以及时修复。另外，巨型病毒入侵变形虫时，并不会融入宿主的无数分子团中，相反，它们会组织形成大量复杂的结构，这种结构被称为"病毒工厂"。病毒工厂通过一个入口吸收原料，然后通过另外两个出口输出新的DNA和蛋白质大分子。巨型病毒起码能用自己的病毒基因开展这个过程中部分的生物化学工作。

巨型病毒能组织病毒工厂，这一点从各方面看起来都非常像一个真的细胞。无独有偶，2008年，拉斯科拉和他的同事发现，巨型病毒甚至可能被同类的其他病毒感染。这种入侵的新病毒被命名为噬病毒体，它们潜入病毒工厂，欺骗本应复制巨型病毒的工厂制造出更多噬病毒体。

给自然界中的成员划出分界线，在科学研究的时候是有用的，但当我们想要了解生命本身，这些分界线就成了人为设置的障碍。与其试图搞清楚病毒怎么区别于其他生物，还不如研究研究病毒是怎么和其他生物形成一个连续的演化谱。人类作为一种哺乳动物，已经和病毒组成了难以分割的混合体。移除了身上的病毒基因，我们可能根本无法活着从子宫里生出来。而人在日常生活中抵御感染可能也是借助了病毒DNA的帮助。就连我们每日呼吸的氧气中的一部分，也是海洋中的病毒和细菌共同产生的。海里的病毒和细菌含量并不是固定不变的，而是处在动态变化中。海洋是基因的流动库，众多基因不停在宿主和病毒之间交换。

虽然巨型病毒弥合了大多数病毒和细胞之间的“生命”鸿沟，但目前还不清楚它们是如何演化到如今这种“高不成低不就”的位置的。有的科学家认为，它们最初可能也是普通的病毒，后来从宿主细胞里窃取了一些额外基因，才成了今天的样子。也有科学家持完全相反的观点，他们认为巨型病毒在演化的早期是以活细胞的形式存在的，并不依附于其他生物而生存，在其后数十亿年间逐渐蜕变，成为了今天这种更像病毒的样子。

严格区分生命和非生命的做法不仅让病毒变得更难理解，也让生命的起源更匪夷所思。生命起源的过程还没有完全明朗，但有一点是明确的：生命并不是由宇宙中什么伟大力量在一瞬之间变出来的，而是随着糖类和磷酸盐等原料在早期地球上聚合并发生越来越复杂的反应，慢慢演变出来的。例如，有可能是单链 RNA 分子逐渐生长，又获得了自我复制的能力。对于这种以 RNA 作为遗传物质的生命来说，想在它们的演化之路上找到一个具体的生命“无中生有”的时刻，无疑会让我们忽视生命逐渐过渡的事实。

在RNA世界，所谓的“生命”可能只是一些稍纵即逝的基因组合，抓住机会就拼命生长，有时则被像寄生者一样的另一些基因破坏殆尽。这些原始“寄生者”中的一些可能演化成了第一批病毒，不断复制繁衍至今。法国病毒学家帕特里克·福泰尔（Patrick Forterre）提出假说：双链DNA分子有可能就是RNA病毒“发明”出来的，双链有不同的结构，能保护基因免受攻击。最终，这些病毒的宿主反而接管了DNA分子，接着接管了整个世界。也就是说，现在所知的生命可能全起源于病毒。

最后，让我们回到“病毒”这个词本身。它原本就包含了两面性，一面是能给予生命的物质，另一面则代表致命的毒液。病毒在某种意义上的确是致命的，但它们也赋予了这个世界必不可少的创造力。创造和毁灭又一次完美地结合在一起。

致谢

《病毒星球》是由NIH下辖的NCRR通过SEPA资助，拨款编号R25 RR024267(2007-2012)，朱迪·戴蒙德、Moira Rankin和查尔斯·伍德担任学术带头人。本书内容相关责任完全由作者承担，不代表NCRR或NIH官方观点。感谢对这个项目给予过建议的人：Anisa Angeletti，Peter Angeletti，Aaron Brault，Ruben Donis，Ann Downer-Hazell，David Dunigan，Angie Fox，Laurie Garrett，Benjamin David Jee，Ian Lipkin，Ian Mackay，Grant McFadden，Nathan Meier，Abbie Smith，Gavin Smith，Philip W. Smith，Amy Spiegel，David Uttal，James L. Van Etten，Kristin Watkins，Willie Wilson以及Nathan Wolfe。特别感谢SEPA项目主管L. Tony Beck和芝加哥大学出版社编辑Christie Henry，他们的努力让这本书最终得以出版。

参考文献

引言 有传染性的活液

Bos, L. 1999. Beijerinck's work on tobacco mosaic virus: Historical context and legacy. *Philosophical Transactions of the Royal Society B: Biological Sciences* 354:675.

Flint, S. J. 2009. *Principles of Virology*. 3rd ed. Washington, DC: ASM Press.

Kay, L. E. 1986. W. M. Stanley's crystallization of the tobacco mosaic virus, 1930–1940. *Isis* 77:450–72.

Willner D., M. Furlan, M. Haynes, et al. 2009. Metagenomic analysis of respiratory tract DNA viral communities in cystic fibrosis and non-cystic fibrosis individuals. *PLoS ONE* 4(10):e7370.

1 并不普通的感冒

Arden, K. E., and I. M. Mackay. 2009. Human rhinoviruses: Coming in from the cold. *Genome Medicine* 1:44.

Briese, T., N. Renwick, M. Venter, et al. 2008. Global distribution of novel rhinovirus genotype. *Emerging Infectious Diseases* 14:944.

Fashner, J., K. Ericson, and S. Werner. 2012. Treatment of the common cold in children and adults. *American Family Physician* 86:153–59.

Palmenberg, A. C., D. Spiro, R. Kuzmickas, et al. 2009. Sequencing and analyses of all known human rhinovirus genomes reveal structure and evolution. *Science* 324:55–59.

2 祈求星星的照看

Barry, J. M. 2004. *The Great Influenza: The Epic Story of the Deadliest Plague in History*. New York: Viking.

Dugan, V. G., R. Chen, D. J. Spiro, et al. 2008. The evolutionary genetics and emergence of avian influenza viruses in wild birds. *PLoS Pathogens* 4(5):e1000076.

Rambaut, A., O. G. Pybus, M. I. Nelson, C. Viboud, J. K. Taubenberger, and E.C. Holmes. 2008. The genomic and epidemiological dynamics of human influenza A virus. *Nature* 453:615–19.

Smith, G. J. D., D. Vijaykrishna, J. Bahl, et al. 2009. Origins and evolutionary genomics of the 2009 swine-origin H1N1 influenza A epidemic. *Nature* 459:1122–25.

Taubenberger, J. K., and D. M. Morens. 2008. The pathology of influenza virus infections. *Annual Reviews of Pathology* 3:499–522.

3 长角的兔子

Bravo, I. G., and Á. Alonso. 2006. Phylogeny and evolution of papillomaviruses based on the E1 and E2 proteins. *Virus Genes* 34:249–62.

Doorbar, J. 2006. Molecular biology of human papillomavirus infection and cervical cancer. *Clinical Science* 110:525.

García-Vallvé, S., Á. Alonso, and I. G. Bravo. 2005. Papillomaviruses: Different genes have different histories. *Trends in Microbiology* 13:514–21.

García-Vallvé, S., J. R. Iglesias-Rozas, Á. Alonso, and I. G. Bravo. 2006.

Different papillomaviruses have different repertoires of transcription factor binding sites: Convergence and divergence in the upstream regulatory region. *BMC Evolutionary Biology* 6:20.

Horvath, C. A. J., G. A. V. Boulet, V. M. Renoux, P. O. Delvenne, and J.-P. J. Bogers. 2010. Mechanisms of cell entry by human papillomaviruses: An overview. *Virology Journal* 7:11.

Martin, D., and J. S. Gutkind. 2008. Human tumor-associated viruses and new insights into the molecular mechanisms of cancer. *Oncogene* 27 (Suppl2):S31–42.

Orlando, P. A., R. A. Gatenby, A. R. Giuliano, and J. S. Brown. 2012. Evolutionary ecology of human papillomavirus: trade-offs, coexistence, and origins of high-risk and low-risk types. *Journal of Infectious Diseases* 205:272–79.

Schiffman, M., R. Herrero, R. DeSalle, et al. 2005. The carcinogenicity of human papillomavirus types reflects viral evolution. *Virology* 337:76–84.

Shulzhenko, N., H. Lyng, G. F. Sanson, and A. Morgun. 2014. Ménage à trois: An evolutionary interplay between human papillomavirus, a tumor, and a woman. *Trends in Microbiology* 22:345–53.

4 敌人的敌人

Adhya, S., C. R. Merril, and B. Biswas. 2014. Therapeutic and prophylactic applications of bacteriophage components in modern medicine. *Cold Spring Harbor Perspectives in Medicine* 4:a012518.

Brussow, H. 2005. Phage therapy: The Escherichia coli experience. *Microbiology* 151:2133.

Deresinski, S. 2009. Bacteriophage therapy: Exploiting smaller fleas. *Clinical Infectious Diseases* 48:1096–101.

Summers, W. C. 2001. Bacteriophage therapy. Annual Reviews in *Micro-*

biology 55:437–51.

5 感染的海洋

Angly, F. E., B. Felts, M. Breitbart, et al. 2006. The marine viromes of four oceanic regions. *PLoS Biology* 4 (11):e368.

Breitbart, M. 2012. Marine viruses: Truth or dare. *Annual Review of Marine Sciences* 4:425–48.

Brussaard, C. P. D., S. W. Wilhelm, F. Thingstad, et al. 2008. Global-scale processes with a nanoscale drive: The role of marine viruses. *ISME Journal* 2:575–78.

Danovaro, R., A. Dell'Anno, C. Corinaldesi, et al. 2008. Major viral impact on the functioning of benthic deep-sea ecosystems. *Nature* 454:1084–87.

Desnues, C., B. Rodriguez-Brito, S. Rayhawk, et al. 2008. Biodiversity and biogeography of phages in modern stromatolites and thrombolites. *Nature* 452:340–43.

Keen, E.C. 2015. A century of phage research: Bacteriophages and the shaping of modern biology. *Bioessays* 37:6–9.

Rohwer, F., and R. Vega Thurber. 2009. Viruses manipulate the marine environment. *Nature* 459:207–12.

Rohwer, F., M. Youle, H. Maughan, and N. Hisakawa. 2015. *Life in Our Phage World.* San Diego: Wholon.

Suttle, C. A. 2007. Marine viruses—major players in the global ecosystem. *Nature Reviews Microbiology* 5:801–12.

Van Etten, J. L., L. C. Lane, and R. H. Meints. 1991. Viruses and viruslike particles of eukaryotic algae. *Microbiology and Molecular Biology Reviews* 55:586.

6 人体里的“寄生者”

Blikstad, V., F. Benachenhou, G. O. Sperber, and J. Blomberg. 2008. Evolution of human endogenous retroviral sequences: A conceptual account. *Cellular and Molecular Life Sciences* 65:3348–65.

Dewannieux, M., F. Harper, A. Richaud, et al. 2006. Identification of an infectious progenitor for the multiple-copy HERV-K human endogenous retroelements. *Genome Research* 16:1548–56.

Jern, P., and J. M. Coffin. 2008. Effects of retroviruses on host genome function. *Annual Review of Genetics* 42:709–32.

Lavialle, C., G. Cornelis, A. Dupressoir, et al. 2013. Paleovirology of "syncytins," retroviral env genes exapted for a role in placentation. *Philosophical Transactions of the Royal Society* B: *Biological Sciences* 368:20120507.

Lee, A., A. Nolan, J. Watson, and M. Tristem. 2013. Identification of an ancient endogenous retrovirus, predating the divergence of the placental mammals. *Philosophical Transactions of the Royal Society* B: *Biological Sciences* 368:20120503.

Ruprecht, K., J. Mayer, M. Sauter, K. Roemer, and N. Mueller-Lantzsch. 2008. Endogenous retroviruses and cancer. *Cellular and Molecular Life Sciences* 65:3366–82.

Tarlinton, R., J. Meers, and P. Young. 2008. Biology and evolution of the endogenous koala retrovirus. *Cellular and Molecular Life Sciences* 65:3413–21.

Weiss, R. A. 2006. The discovery of endogenous retroviruses. *Retrovirology* 3:67.

Weiss, R. A. 2013. On the concept and elucidation of endogenous retroviruses. *Philosophical Transactions of the Royal Society* B: *Biological Sciences* 368:20120494.

7 新的灾难

D'arca, M., A. Ayoubaa, A. Estebana, et al. 2015. Origin of the HIV-1 group O epidemic in western lowland gorillas. *Proceedings of the National Academy of Sciences* Published ahead of print, March 2, 2015. doi:10.1073/pnas.1502022112.

Fan, H. 2011. *AIDS: Science and Society*. 6th ed. Sudbury, MA: Jones and Bartlett.

Faria, N. R., A. Rambaut, M. A. Suchard, et al. 2014. The early spread and epidemic ignition of HIV-1 in human populations. *Science* 346:56–61.

Fauci, A. S., and H. D. Marston. 2014. Ending AIDS–is an HIV vaccine necessary? *New England Journal of Medicine* 370:495–98.

Gilbert, M. T. P., A. Rambaut, G. Wlasiuk, T. J. Spira, A. E. Pitchenik, and M. Worobey. 2007. The emergence of HIV/AIDS in the Americas and beyond. *Proceedings of the National Academy of Sciences* 104:18566.

Keele, B. F. 2006. Chimpanzee reservoirs of pandemic and nonpandemic HIV-1. *Science* 313:523–26.

Montagnier, L. 2010. 25 Years after HIV discovery: Prospects for cure and vaccine. *Virology* 397:248–54.

Worobey, M., M. Gemmel, D. E. Teuwen, et al. 2008. Direct evidence of extensive diversity of HIV-1 in Kinshasa by 1960. *Nature* 455:661–64.

8 融入美国

Brault, A. C. 2009. Changing patterns of West Nile virus transmission: Altered vector competence and host susceptibility. *Veterinary Research* 40:43.

Diamond, M. S. 2009. Progress on the development of therapeutics against West Nile virus. *Antiviral Research* 83:214–27.

Gould, E. A., and S. Higgs. 2009. Impact of climate change and other factors on emerging arbovirus diseases. *Transactions of the Royal Society of Tropical Medicine and Hygiene* 103:109–21.

Hamer, G. L, U. D. Kitron, T. L. Goldberg, et al. 2009. Host selection by Culex pipiens mosquitoes and West Nile virus amplification. *American Journal of Tropical Medicine and Hygiene* 80:268.

Sfakianos, J. N. 2009. *West Nile Virus*. 2nd ed. New York: Chelsea House.

Venkatesan M., and J. L. Rasgon. 2010. Population genetic data suggest a role for mosquito-mediated dispersal of West Nile virus across the western United States. *Molecular Ecology* 19:1573–84.

9 预测下一场瘟疫

Holmes, E. C., and A. Rambaut. 2004. Viral evolution and the emergence of SARS coronavirus. *Philosophical Transactions of the Royal Society B: Biological Sciences* 359:1059–65.

Parrish, C. R., E. C. Holmes, D. M. Morens, et al. 2008. Cross-species virus transmission and the emergence of new epidemic diseases. *Microbiology and Molecular Biology Reviews* 72:457–70.

Pigott, D. M., N. Golding, A. Mylne, et al. 2014. Mapping the zoonotic niche of Ebola virus disease in Africa. *Elife* 3:e04395.

Piot, P. 2013. *No Time to Lose: A Life in Pursuit of Deadly Viruses*. New York: W. W. Norton.

Quammen, D. 2012. *Spillover: Animal Infections and the Next Human Pandemic*. New York: W. W. Norton.

Raj, V. S., A. D. Osterhaus, R. A. Fouchier, and B. L. Haagmans. 2014. MERS: Emergence of a novel human coronavirus. *Current Opinion in Virology* 5:58–62.

Sack, K., S. Fink, P. Belluck, and A. Nossiter. 2014. Ebola's deadline escape. *New York Times*, December 30, 2014, D1.

Skowronski, D. M., C. Astell, R. C. Brunham, et al. 2005. Severe acute respiratory syndrome (SARS): A year in review. *Annual Review of Medicine* 56:357–81.

WHO Ebola Response Team. 2014. Ebola virus disease in West Africa—the first 9 months of the epidemic and forward projections. *New England Journal of Medicine* 371:1481–95.

Wolfe, N. 2009. Preventing the next pandemic. *Scientific American*, April 2009, 76–81.

10 漫长的告别

Damon, I. K., C. R. Damaso, and G. McFadden. 2014. Are we there yet? The smallpox research agenda using variola virus. *PLoS Pathogens* 10:e1004108.

Dormitzer, P. R., P. Suphaphiphat, D. G. Gibson, et al. 2013. Synthetic generation of influenza vaccine viruses for rapid response to pandemics. *Science Translational Medicine* 5:185ra68.

Hughes, A. L., S. Irausquin, and R. Friedman. 2010. The evolutionary biology of poxviruses. Infection, *Genetics and Evolution* 10:50–59.

Jacobs, B. L., J. O. Langland, K. V. Kibler, et al. 2009. Vaccinia virus vaccines: Past, present and future. *Antiviral Research* 84:1–13.

Kennedy, R. B., I. Ovsyannikova, and G. A. Poland. 2009. Smallpox vaccines for biodefense. *Vaccine* 27 (Suppl):D73–79.

Koplow, D. A. 2003. *Smallpox: The Fight to Eradicate a Global Scourge*. Berkeley: University of California Press.

Kosuri, S., and G. M. Church. 2014. Large-scale de novo DNA synthesis: Technologies and applications. *Nature Methods* 11:499–507.

Mariner, J. C., J. A. House, C. A. Mebus, et al. 2012. Rinderpest eradication: Appropriate technology and social innovations. *Science* 337:1309–12.

Reardon, S. 2014. "Forgotten" NIH smallpox virus languishes on death row. *Nature* 514:544.

Shchelkunov, S. N. 2009. How long ago did smallpox virus emerge? *Archives of Virology* 154:1865–71.

Wimmer, E. 2006. The test-tube synthesis of a chemical called poliovirus. *EMBO Reports* 7:S3–9.

尾声 冷却塔中的“外来客”

Abrahão, J. S., F. P. Dornas, L. C. F. Silva, et al 2014. Acanthamoeba polyphaga mimivirus and other giant viruses: an open field to outstanding discoveries. *Virology Journal* 11:120.

Claverie, J. M., and C. Abergel. 2013. Open questions about giant viruses. *Advances in Virus Research* 85:25-56.

Forterre, P. 2010. Defining life: The virus viewpoint. *Origins of Life and Evolution of Biospheres* 40:151–60.

Forterre, P., M. Krupovic, and D. Prangishvili. 2014. Cellular domains and viral lineages. *Trends in Microbiology* 22:554–58.

Katzourakis, A., and A. Aswad. 2014. The origins of giant viruses, virophages and their relatives in host genomes. *BMC Biology* 12:51.

Koonin, E. V., and V. V. Dolja. 2014. Virus world as an evolutionary network of viruses and capsidless selfish elements. *Microbiology and Molecular Biology Reviews* 78:278–303.

Moreira, D., and C. Brochier-Armanet. 2008. Giant viruses, giant chimeras: The multiple evolutionary histories of mimivirus genes. *BMC Evolutionary Biology* 8:12.

Moreira, D., and P. Lopez-Garcia. 2009. Ten reasons to exclude viruses from the tree of life. *Nature Reviews Microbiology* 7:306–11.

Ogata, H., and J. M. Claverie. 2008. How to infect a mimivirus. *Science*

321:1305.

Raoult, D., and P. Forterre. 2008. Redefining viruses: Lessons from mimivirus. *Nature Reviews Microbiology* 6:315–19.

Raoult, D., B. La Scola, and R. Birtles. 2007. The discovery and characterization of mimivirus, the largest known virus and putative pneumonia agent. *Clinical Infectious Diseases* 45:95–102.